Friedrich Nietzsche's
Weltanschauung und ihre Gefahren.

Ein kritischer Essay

von

Dr. Ludwig Stein,
ord. Professor der Philosophie an der Universität Bern.

Berlin.
Druck und Verlag von Georg Reimer.
1893.

Vorwort.

Nur widerstrebend habe ich mich dazu entschlossen, dem vorliegenden kritischen Essay, der — aus einem Berner akademischen Museumsvortrag hervorgegangen — in den März- und Maiheften dieses Jahrganges der „Deutschen Rundschau" zum Abdruck gelangt ist, die anspruchsvollere Buchform zu geben. Es haben sich indeß die ermunternden Zuschriften von Collegen, sowie die lebhaft geäußerten Wünsche zahlreicher Männer verschiedener Stände aus allen Theilen Deutschlands und Oesterreichs, die in der „Rundschau" erschienenen Aufsätze in handlicher Buchform zu besitzen, dermaßen gehäuft, daß ich meine mannigfachen Bedenken gegen diese anspruchsvolle Art der Publikation eines Vortrags nach langem Zaudern doch aufgegeben habe.

Da ich nun einmal gegen Nietzsche, oder richtiger gegen den Nietzsche-Kultus unserer Tage aufgetreten war, stand ich nach den vielen mir zugegangenen Zuschriften nur noch vor der Wahl: entweder ein breit angelegtes, allen Formen des Nietzsche'schen Denkens kritisch nachspürendes Werk zu verfassen, oder es bei dem in der „Rundschau" eröffneten Geplänkel bewenden zu lassen. Nach reiflicher Erwägung entschied ich mich für das Letztere. Denn gegen Nietzsche ein schweres Buch schreiben, hieße mit Kanonen auf einen Edelfalken zielen! Weder verträgt der Gegenstand ein gelehrtes Werk, noch hätte ein solches Aussicht, vom großen Publikum beachtet zu werden. Eben darauf aber kommt es mir an. Der beginnenden Verwirrung steuern, warnen und aufklären will ich, nicht ein gelehrtes Buch über Nietzsche schreiben!

Ich gebe ohne jeden Vorbehalt zu, daß noch sehr Vieles gegen Nietzsche und gar Manches anders gesagt werden kann, als es in der nachfolgenden kecken Federzeichnung geschieht. Aber meine Ausführungen wollen nichts weiter sein, als ein Warnungssignal — ein literarisches Sturmläuten. Vom Thurmwächter aber, der bei hereinbrechender Gefahr in fiebernder Erregung die Sturmglocke zieht, wird Niemand verlangen, daß er nebenbei auch noch die den Grundton der Glocke begleitenden Obertöne sorgfältig beobachte, die Klangfarbe studire, überhaupt daneben akustische Experimente betreibe. Seine Aufgabe ist es eben nicht, rhythmische Schwingungen zu erzeugen, sondern nur seiner Glocke eindringliche und weithin schallende Töne zu entlocken.

Jetzt wird man verstehen, warum ich meinen gegen Nietzsche gerichteten Aufsätzen auch in der Buchausgabe — von unwesentlichen stilistischen Aenderungen abgesehen — ihre ursprüngliche Form gelassen habe. Sie sind aus einer einheitlichen Stimmung herausgewachsen und stellen den unmittelbaren, unreflectirten Entrüstungsruf einer durch Nietzsche in ihren heiligsten Gefühlen beleidigten Seele dar. Es hieße nun diesem Weckruf seine Unmittelbarkeit rauben, wollte ich nachträglich selbstkritisch an ihm herumzausen und herumseziren. Und so mögen denn die nachfolgenden Ausführungen auch in der Buchausgabe dazu beitragen, über diese empfindliche philosophische Gefahr der Gegenwart aufzuklären und die dunkle Nebelmasse der Nietzsche'schen Gedankenwelt zu zerstreuen!

Bern, 25. October 1893. Ludwig Stein.

Seinem lieben Freund und Schwager

Herrn Kaiserl. Legationsrath Dr. Wilhelm Cahn
in Berlin

in herzlicher Gesinnung

der Verfasser.

Inhalt.

Unter Umständen vergiftet eine solche aus Fäulniß gewachsene Giftbaumvegetation mit ihrem Dunste weithin, auf Jahrtausende hin, das Leben ....

Nietzsche, Götzendämmerung S. 101.

I.

Nietzsche's philosophische Vorbilder.

Der Neo-Cynismus Nietzsche's scheint die philosophische Modeparole des Tages werden zu wollen. Die Geistesgeschichte zeigt es an unzähligen Beispielen, daß überall dort, wo die philosophische Schöpferkraft zu versiegen, der systembildende Genius zu erlahmen droht, ein Auffrischen früherer Gedankensysteme, eine Wiederbelebung scheintodter Philosopheme zu erfolgen pflegt. So beginnt heute an einzelnen Universitäten in England, dem Heimathland der Mill und Spencer, ein Neo-Hegelianismus mächtig die Flügel zu regen, und an einzelnen Hochschulen Deutschlands, nach Ueberwindung des Neo-Kantianismus, ein Neo-Fichteanismus seine ersten Fühler auszustrecken. Das jungdeutsche Literatenthum hingegen, das ja seit der Mitte dieses Jahrhunderts stets seine eigene philosophische Unterströmung, meist im Gegensatz zur herrschenden Kathederphilosophie besitzt, schickt sich an, den Neo-Cynismus Friedrich Nietzsche's auf den früher von Büchner und Moleschott, dann eine geraume Weile von Schopenhauer, zuletzt von Hartmann innegehabten philosophischen Modethron zu heben.

Daß ich Nietzsche auf die Schulbenennung Neo-Cyniker taufen möchte, wird mir freilich so manche beißende Bemerkung seitens der gläubigen und in Folge ihrer Gläubigkeit unduldsamen Nietzsche-Gemeinde eintragen. Man wird über die Kathederweisheit des Philosophiehistorikers spötteln, der eine so einzigartige philosophische Persönlichkeit wie Nietzsche nicht als homo sui generis behandelt und geistig „hors concours" stellt, sondern in das Prokrustesbett der Schulbezeichnung einschnürt und ihn einer bestimmten Truppengattung der großen philosophischen Armee einverleibt. Den Spott der Nietzsche-Anbeter werde ich zu ertragen wissen, zumal ich ihn psychologisch begreife und eben darum entschuldige. Jeder überzeugte Anhänger eines überragenden Mannes — sei dieser nun Religionsstifter oder Denker — muß seine Helden für einzigartig und in seiner Erhabenheit für unvergleichlich halten. Sobald man vergleicht, vergöttert man nicht mehr; was nicht einzig ist, kann nicht mehr Gegenstand der Anbetung sein. Gläubige einer Kirche z. B., die erst anfangen, die verschiedenen Religionen vergleichend zu prüfen, werden bald aufhören, Gläubige ihrer eigenen zu sein.

Die Erforscher der Geistesgeschichte aber, und das sind die Philosophiehistoriker, dürfen gar keinen anderen als eben diesen vergleichenden Maßstab anlegen. Und dabei zeigt sich's denn, daß auch das größte Genie zwar nicht bloßes Erzeugniß seiner eigenen Zeit ist, wie die Lehre vom Milieu will, wohl aber das Product der aufgehäuften Gedankensumme aller vorangegangenen Geschlechter. Alles, was bisher angebetet worden ist, hat auf die Dauer seine Einzigkeit eingebüßt, eben weil es nach und nach der vergleichenden Betrachtung anheimfiel.

Daß nun Nietzsche als Aphorist ein Genie ist, soll hier nicht bestritten, sondern im Gegentheil auseinandergesetzt werden. Daß er aber durchaus originelle Gedankenwege wandele, die noch kein Mensch vor ihm beschritten, wie Nietzsche wiederholt und mit verletzendem Pathos verkündet und wie seine Anhänger gläubig nachsprechen[1], das soll hier als ungeheuerlicher Selbstbetrug bloßgelegt werden. Das tragende philosophische Problem Nietzsche's, die Umwerthung aller moralischen Werthe, ist fast so alt wie die abendländische Philosophie selbst. Die ersten halbbewußten Vertreter dieses Gedankens waren in Griechenland die Sophisten, und der erste vollbewußte moralische „Werthstürzler" war Antisthenes, der Cyniker.

Antisthenes, Epiktet, Agrippa von Nettesheim und Rousseau haben lange vor Nietzsche dessen Kerngedanken, die Ablehnung der herrschenden moralischen und Kulturideale und Ersetzung derselben durch ein Zurückgreifen auf den unverdorbenen Naturzustand vorausgenommen. Die durch Rousseau in der Neuzeit bekannt gewordene Formel „kehren wir zur Natur zurück" hatte nämlich ihr erstes Vorbild in den Cynikern, welche zuerst die Forderung aufstellten, der Weise müsse sich von den verkünstelten Culturbedürfnissen lossagen, um „naturgemäß" (κατὰ φύσιν) zu leben (Diogenes Laertes VI, 71). Von den Cynikern ist dieser Gedanke in den Stoicismus übergegangen, der ihm

[1]) Nur ein Beispiel für viele. Dr. Max Zerbst, ein Nietzsche-Jünger, sagt in einer Broschüre „Nein und Ja". Leipzig 1892, S. 2: „Es kam eine große Sehnsucht über mich — nach einem neuen Gotte! .... ich fand ihn in — Friedrich Nietzsche."

die feste Prägung eines philosophischen Schlagwortes, einer marktgängigen Formel (ὁμολογουμένως τῇ φύσει ζῆν) gegeben hat. Von den Stoikern, unter denen namentlich der ehemalige Sklave Epiktet mit besonderer Inbrunst auf diese Formel schwur, hat sie wohl Rousseau — vielleicht durch Vermittlung des französischen Skeptikers Pierre Charron[1]) — übernommen. Nietzsche selbst hatte nun trotz seiner Antipathie gegen Rousseau offenbar das Gefühl, daß seine Weltanschauung ihrem geschichtlichen Zusammenhange nach in die eben bezeichnete Kategorie der Culturverächter eingeordnet werden dürfte; er sagt (Götzendämmerung S. 124): „Auch ich rede von „Rückkehr zur Natur", obwohl es eigentlich nicht ein Zurückgehen, sondern ein Hinaufkommen ist — hinauf in die hohe, freie, selbst furchtbare Natur und Natürlichkeit."

Ein Hinaufkommen, nämlich zu einer höheren Glückseligkeitsstufe, bedeutete natürlich die cynisch-stoische Formel ebenso, wie das Losungswort Rousseau's von der „Rückkehr zur Natur". Nur daß Jeder das Wort „Natur" anders faßte, indem er nämlich immer seine eigene Natur in dieses Wort hineininterpretirte. Den Cynikern und Stoikern bedeutet „Natur" Bedürfnißlosigkeit, Freiheit des Naturzustandes gegenüber den unzähligen Anforderungen einer die individuelle Bewegungsfreiheit und Eigenlebigkeit hemmenden, weil jede Handlung der Menschen nach conventionellen Rücksichten regelnden und einschnürenden Cultur. Rousseau versteht unter „Natur" die Gleichheit aller Menschen, die sein großer, alle anderen Gedankengänge beherr-

[1]) Wie ich jüngst in meinem Archiv für Geschichte der Philosophie, Bd. VI, S. 563 ausgeführt habe.

schender Lebenstraum war, dessen Verwirklichung ihm jedoch nur der Naturzustand zu gewährleisten schien. Für Nietzsche endlich, den raffinirtesten Hedoniker[1]), den zügellosesten theoretischen Genußmenschen, der je die Feder geführt und mit einem beispiellosen Cynismus alles Das spielend, ja mit einer gewissen stilistischen Wollust, zu enthüllen den Muth gefunden hat, was bisher etwa im geheimsten Seelengrunde grandioser Verbrechertypen im Stile eines Cesare Borgia verborgen gelauert haben mag, für Nietzsche ist „Natur" gleichbedeutend mit überschäumender Sinneslust, mit bacchantischer Genußfreudigkeit, mit jenem schwelgerischen Orgiasmus, wie ihn namentlich die Dionysosculte der Griechen in zahlreichen Abstufungen gezeitigt haben.

Man stoße sich nicht daran, daß Nietzsche hier als Hedoniker erscheint; er ringt eben mit cynischen Mitteln nach hedonischen Zielen. In der Negative, d. h. in der rücksichtslosen Geißelung und Verwerfung aller bestehenden moralischen Werthe, in der Kühnheit und Consequenz, mit welcher er alle unsere Culturideale blutig peitscht und in grausamer Zerstörungswuth zerfetzt, ist er vollendeter Cyniker, und steht Diogenes, dem populären Typus des antiken Cynikers, wohl an dem in seiner Naivität bestechenden Gleichmuth, aber nicht an starrer Consequenz nach. In seinen positiven Zielen jedoch, d. h. in jenen neuen moralischen Werthen, die er an die Stelle der von ihm vermeintlich zertrümmerten alten setzen will, zeigt er sich als ein, die im Vergleich harmlose, etwas täppisch zugreifende Genußfreudigkeit Aristipp's überbietender, mit ausgeklügel-

---

[1]) Vertreter der Lehre, daß die Lust, vorab die körperliche, das höchste Gut sei. Begründer dieser Schule war Aristippus von Kyrene.

tem Raffinement das Lustprincip auf die äußerste Spitze treibender Hedoniker.

Für eine wirkliche Gefahr halte ich jedoch nur den Neo-Cynismus Nietzsche's, nicht seinen Hedonismus. Daß man unserer gegenwärtigen, durch die pessimistischen Schrullen Schopenhauer's und Hartmann's verweichlichten, lebensunlustigen, empfindlich unfrischen Generation als Gegengift eine gute Dosis schäumenden Nectars nach dem dionysischen Rezept Nietzsche's einträufelt, halte ich für unbedenklich, ja sogar für heilsam. Eine gesunde Reaction neu erwachenden Lebensgefühls gegen den entnervenden, die frischen Lebensgeister der Jugend lähmenden Buddhismus Schopenhauer's thut uns dringend Noth. Und so ist uns denn der Nietzsche'sche Hedonismus, trotz seiner Uebertreibungen und Verzerrungen des Princips, als Kampfgenosse gegen den das Leben vergiftenden Pessimismus nicht unwillkommen, zumal das letzte hedonische Ideal Nietzsche's, der zu züchtende „Uebermensch der Zukunft", seine Verwirklichung doch nur im utopistischen Wolkenkukuksheim finden wird.

Von um so beängstigenderer Gefährlichkeit ist nun aber der Neo-Cynismus Nietzsche's. Einmal steckt in ihm System, und dann ist er von symptomatischer Bedeutung für das Zeitbewußtsein. Wie es nämlich überhaupt keinen Zufall, vollends nicht in der geistigen Entwicklung der Culturmenschheit gibt, so ist auch das gleichzeitige Auftreten von Nietzsche und Tolstoi kein zufälliges. Von entgegengesetzten Voraussetzungen ausgehend und entgegengesetzten Zielen zustrebend, begegnen sich doch Nietzsche und Tolstoi in dem einen Treffpunkte, daß sie gleicherweise die heutige Cultur negiren und uns ein verhängnißvolles „Zurück" zurufen. Das Verhängnißvolle steckt nicht darin, daß diese beiden Schriftsteller ihre grundreactionären Forderungen überhaupt formuliren, vielmehr darin, daß ihnen Zehntausende von Herzen feuriger Phantasten glühend entgegenschlagen, und was noch bedenklicher, daß sich Tausende gebildeter Köpfe von der berückenden Rhetorik jener Männer in diesen rückschrittlichen Gedankenkreis bannen lassen. Das sind besorgnißerregende Anzeichen, die der Culturfreund, der Philosoph zumal, nicht vornehm ignoriren darf. Die Philosophen von Fach haben durch ihr beharrliches Augenverschließen vor den Erscheinungen des Tages schon viel Unheil heraufbeschworen. Zu Tagesgrößen wie Nietzsche und Tolstoi hat die zünftige Philosophie bei Zeiten Stellung zu nehmen, bevor sich die unheimlichen und, wie sich zeigen wird, widerspruchsvollen Lehren dieser Männer in das Bewußtsein eines großen Kreises von Gebildeten eingenistet haben. So hätte Schopenhauer z. B. niemals so viel Unheil angerichtet, wenn die zünftige Philosophie rechtzeitig einzelnen seiner verderblichen Lehren entgegengetreten, und nicht erst durch die beharrliche Gunst der gebildeten Laien gezwungen worden wäre, zu Schopenhauer Stellung zu nehmen, um dann mit ihrem Urtheil über ihn dem von den Gebildeten längst gefällten nachzuhinken. Nicht nur, weil Nietzsche Philosoph ist, hat sich die Philosophie des Katheders heute schon mit ihm zu befassen, sondern weil er Symptom ist, weil er dem instinctiven Culturüberdruß zahlreicher Gebildeter einen berauschenden Ausdruck gegeben hat, weil er nahe daran ist, der philosophische Held des Tages, der Modephilosoph zu werden!

Ein gewisser Culturüberdruß pflegt sich nämlich als ständig auftretende Begleiterscheinung blühender Hochculturen einzustellen, wie die Beispiele der Cyniker für die griechische Cultur, Epiktet's für die griechisch-römische, Agrippa's von

Nettesheim für die Cultur der Renaissance und Rousseau's für die des achtzehnten Jahrhunderts beweisen. Auf das Zeitalter des Perikles folgt der erste Cyniker, Antisthenes, auf Julius Caesar und die strotzende Machtfülle des römischen Caesarenthums folgt Epiktet, auf die Glanzepoche der Renaissance[1]) und des deutschen Humanismus folgt Agrippa von Nettesheim mit seinem cynischen Tractat „de incertitudine et vanitate omnium scientiarum et artium", auf das Zeitalter Voltaire's folgt Rousseau, auf die Epoche Darwin's endlich folgen Nietzsche und Tolstoi. Diese regelmäßig wiederkehrenden Erscheinungen lassen auf eine gewisse Gesetzmäßigkeit schließen, die sich übrigens psychologisch leicht deuten läßt. Wenn nämlich die Culturfortschritte in allzu hastigem Tempo auf einander folgen, so daß die betreffende Generation, welche diese Fortschritte miterlebt, Mühe hat, mitzukommen, Alles in sich aufzunehmen und zu verarbeiten, ohne Zeit zum Athemholen zu gewinnen, dann entsteht ein allgemeines Mißbehagen, ein Gefühl der geistigen Ueberladung und Uebersättigung mit Cultur. Man hat alsdann vielfach das Bedürfniß, sich Luft zu machen, zu erleichtern. Solche Stimmungen der Volksseele erzeugen nun periodisch typische Culturverächter, Männer der Feder, welche dem instinctiven Unbehagen vor der Uebercultur, das unausgesprochen, nur halbbewußt auf Tausenden von Lippen schwebt, einen glücklichen Ausdruck leihen.

---

[1]) Auch die Renaissance der Araber zeigt eine analoge Erscheinung. Auf das goldene Zeitalter der arabischen Cultur unter den Abbassiden folgte der philosophische Skeptiker Al Ghazzâli, der in seinem Buche „Tahâfut-al-falâsifa" (destructio philosophorum) mit ähnlichen Cynismen wie später Agrippa von Nettesheim gegen alle Philosophie und verfeinerte Cultur zu Felde zieht.

Nietzsche hat diesem latenten, durch die vorangegangene pessimistische Strömung (die schon ihr erster Ausdruck war) genährten Culturüberdruß nicht bloß einen glücklichen, sondern einen bezaubernden, berückenden Ausdruck gegeben. Nietzsche's Sprache strömt einen poetischen Duft aus, der die Sinne umschmeichelt, die Phantasie umnebelt und im ersten Anlauf auch das Urtheil betäubt, bis man nach einer Weile erschrocken zur Selbstbesinnung kommt und sich fragt, wie man einen so halsbrecherischen, an der alleräußersten Grenze des noch gesunden Menschenverstandes schwebenden Gedanken auch nur einen Augenblick hat ernst nehmen können.

Gerade im verführerischen Zauber seiner Sprache steckt das Gefährliche an Nietzsche. Man entkleide seine philosophischen Ideen ihrer luftigen poetische Hülle, und sie sind vollkommen unschädlich, weil sie sich alsdann gar zu durchsichtig als geistige Utopien entpuppen. Aber in der scharfen Zuspitzung, in welcher er seine Paradoxien mit begnadeter Stilkünstlerschaft vorbringt, wirken sie hypnotisirend. Nietzsche ist ein literarischer Dynamitard. Er fabricirt geistige Bomben — und die Mehrzahl seiner Aphorismen sind solche —, die dazu angelegt, glücklicherweise aber nicht angethan sind, unsere gesammte Cultur, alle unsere religiösen, sittlichen und politischen Ideale in die Luft zu sprengen. Und kaum gibt es ein noch so verschwiegenes Eckchen im Haushalt unserer Cultur, in das Nietzsche nicht eine seiner Bomben gelegt hätte. Mit einer wahren Virtuosität wittert er jede partie honteuse der Cultur heraus, um sie dann mit seinem, den guten Geschmack beleidigenden Cynismus karrikirend bloßzulegen. Aber nicht nur die Manie Nietzsche's, mit mephistophelischem Behagen gerade in den Pfützen der Cultur herumzuwühlen, erinnert durchweg an den antiken Cynismus eines Antisthenes und insbesondere an den des geistvollen Aphoristen Diogenes, nein, auch ein erklecklicher Theil seiner Hauptgedanken, der kritisch-negirenden sowol, als auch der positiv-aufbauenden, weist eine mehr als lose und zufällige Aehnlichkeit mit den Hauptforderungen des antiken Cynismus auf.

Nicht umsonst hat sich Nietzsche schon in seiner philologisch recht wertvollen größeren Erstlingsschrift („Beiträge zur Quellenkunde und Kritik des Laërtiers Diogenes," Basel 1870, S. 28ff.) auch mit den Cynikern wissenschaftlich beschäftigt. Er hat von ihnen gar Manches, und zwar nicht bloß philologisch, gelernt. Gleich den Cynikern ist auch Nietzsche, wie sich uns zeigen wird, ausgesprochener Sensualist und Nominalist. Und wenn auch seine erkenntnißtheoretischen Auslassungen eine tastende Unsicherheit verrathen, ja sogar greifbare Widersprüche in sich bergen, so ist er auch darin ein Geistesverwandter des Antisthenes, der auf der einen Seite die Möglichkeit alles Wissens verneint, während er auf der andern selbst in vier Büchern „über den Unterschied des Wissens und Meinens" gehandelt hat. Auch ist der ethische Kerngedanke Nietzsche's so gut eudämonistisch, wie der der Cyniker, wie überhaupt aller Moralsysteme, sofern man nur deren letzte und tiefste Wurzel bloßlegt. Mag er auch immerhin gegen allen Eudämonismus, gegen jede utilitarische Moral, loswettern, auch *sein* ethisches Endziel, sofern man bei ihm von einem solchen sprechen kann, ist im letzten Grunde Glückseligkeit. Nur daß die Cyniker die Glückseligkeit in der Tugend, die für sie mit Bedürfnißlosigkeit zusammenfiel, sahen, während Nietzsche das Endziel aller Menschheitsentwicklung in der ungehemmten Entfaltung des Kraftüberschusses, der übersprudelnden Lebensheiterkeit der wenigen Auserwählten, der „Uebermenschen", der „Zukunftsphilosophen", des „Europäers von Uebermorgen" sucht.

Ja, noch mehr. Der „aristokratische Radikalismus" wie Georg Brandes Nietzsche's Weltanschauung nicht unzutreffend genannt hat („Deutsche Rundschau", 1890, Band LXIII, S. 52) ist bereits im Cynismus scharf und klar vorgebildet. Der Cyniker ist, trotz seiner demokratischen und kosmopolitischen Allüren, nicht minder Volksverächter als Nietzsche. Ein Vollmensch ist nur der cynische Weise, der Rest der Menschheit erhebt sich kaum über das Thier. Der cynische Weise ist Zug für Zug das Vorbild des „europäischen Zukunftsmenschen", des „kommenden Philosophen" Nietzsche's. Man lese die Schilderung bei Zeller (Philosophie der Griechen II, 3, 267): „Der (cynische) Weise kennt keinen Mangel, denn ihm gehört Alles; er ist überall zu Hause und weiß sich in allen Lagen zurechtzufinden; er ist ohne Fehler, er allein wahrhaft liebenswürdig; das Glück kann ihm nichts anhaben. Ein Ebenbild der Gottheit lebt er mit den Göttern, sein ganzes Leben ist ein Fest, und die Götter, deren Freund er ist, gewähren ihm Alles. Umgekehrt verhält es sich mit der Masse der Menschen. Die meisten sind geistig verstümmelt, Sklaven der Einbildung, nur durch eine schmale Linie von der Verrücktheit getrennt; wer einen Menschen finden will, mag ihn am hellen Tage mit der Laterne suchen; Elend und Unverstand ist das allgemeine Schicksal der (gewöhnlichen) Sterblichen. Alle Menschen scheiden sich demnach in zwei Klassen: Den wenigen Weisen stehen zahllose Thoren gegenüber, nur eine kleine

Minderheit ist durch Tugend und Einsicht glückselig, alle übrigen leben in Unglück und Verkehrtheit dahin."

Ja, der zum Cynismus neigende Stoiker Kleanthes sagt geradezu[1]): Die überwiegende Mehrheit der Menschen unterscheidet sich nur durch ihre Gestalt von den Thieren. Das Urtheil der Masse (πολλῶν δόξα) komme als verworren und unverschämt gar nicht in Betracht. So hat Kleanthes schon die sich überhebende Geistesaristokratie des cynisch-stoischen Weisen in die prägnante Formel gefaßt: „Nicht die breite Menge besitzt ein einsichtsvolles, gerechtes und zutreffendes Urtheil; dieses ist vielmehr ein Vorrecht weniger Auserwählter."

Und schließlich sieht das Ideal des cynisch-stoischen Weisen, der allein frei, wahrhaft schön und glücklich, schlechthin vollkommen ist und eben darum allein die Eignung besitzt, König, Feldherr, Redner, Dichter, Priester, mit einem Worte Beherrscher zu sein, dem philosophischen Ideal Nietzsche's, dem zu züchtenden „Uebermenschen der Zukunft", der die Herren-Moral im Gegensatz zur Sklaven-Moral der breiten Menge zu verkörpern hat, zum Verwechseln ähnlich. Nietzsche's „Europäer von Uebermorgen" ist, historisch gesehen und im geistesgeschichtlichen Zusammenhang gehalten, ein directer Abkömmling des cynisch-stoischen „Weisen von Ehegestern".

Mit der Aufdeckung der Thatsache, daß Nietzsche's Forderung einer zu züchtenden neuen Art von Aristokratie ihr geschichtliches Vorbild im cynisch-stoischen Weisen hat, sind indeß die Analogien, die Nietzsche's Neo-Cynismus in Ein-

---

[1]) Vergl. des Verfassers „Psychologie der Stoa", zweiter Band: Erkenntnißtheorie der Stoa S. 326.

zelzügen mit dem antiken darbietet, noch lange nicht erschöpft. Cynisch ist seine Herabwürdigung und maßlose Verächtlichmachung der Ehe als Institution, die ihm das böse Wort entlockt: „Auch das Concubinat ist corrumpirt worden — durch die Ehe". Echt cynisch ist seine Verachtung der Demokratie, in der er nur eine „Heerden-Verthierung" sieht und an deren Stelle er eine Tyrannenherrschaft setzen möchte, die „antiliberal bis zur Bosheit" sein müßte. Cynisch ist sein überspannter Kosmopolitismus (die Cyniker haben zuerst die Forderung des Weltbürgerthums formulirt), der ihn dazu verführt, die Vorzüge einer nationalen Erziehung schon als unerläßliche Vorstufe zur künftigen Menschheitserziehung ganz zu übersehen, nnd das deutsche Reich mit Nachdruck als „Verfallsform des Staates" zu kennzeichnen. Echt cynisch ist die radicale Verwerfung jeder Autorität, die ihn zu der widerlichen Abgeschmacktheit veranlaßt, einen Sokrates zum „Pöbel" zu werfen und zum „Hanswurst" zu stempeln, einem Spinoza „geistige Giftmischerei" und „Begriffs-Spinneweberei" vorzuwerfen, einen Kant als den „verwachsensten Begriffs-Krüppel, den es je gegeben", als „Tartüffe", als „den großen Chinesen von Königsberg" zu bezeichnen, D. Fr. Straußens alten und neuen Glauben ein „Bierbank-Evangelium" und endlich Charles Darwin einen „mittelmäßigen Kopf" zu nennen. Cynisch ist endlich sein banausisches Vorgehen gegen die herrschende Religion, die ihn zu Wuthausbrüchen, wie „das Christentum ist eine Metaphysik des Henkers", „es war bisher das größte Unglück der Menschheit" und ähnlichen barbarischen Wendungen verleitet.

Nicht umsonst führt sich Nietzsche — sogar mit einer gewissen coquettirenden Selbstgefälligkeit — als „Antichrist und Immoralist" ein. Er ist der radikalste Cyniker, den die Weltliteratur hervorgebracht hat. Auch würde er sich gegen die Bezeichnung „Neo-Cynismus", mit welcher ich nach reiflicher vergleichender Betrachtung seiner Philosophie dieselbe zu belegen nicht umhin konnte, wohl kaum sonderlich sträuben. Sagt er doch selbst: „Cynismus ist die einzige Form, in welcher gemeine Seelen an das streifen, was Redlichkeit ist; und der höhere Mensch (d. i. Nietzsche) hat bei jedem gröberen und feineren Cynismus die Ohren aufzumachen und sich jedesmal Glück zu wünschen, wenn gerade vor ihm der Possenreißer ohne Scham oder der wissenschaftliche Satyr laut werden" (Jenseits von Gut und Böse S. 37). Und so sind denn auch Männer, wie Galiani und besonders der wegen seiner zügellosen Frivolität berüchtigte Cyniker Stendhal (Pseudonym für Henri Beyle) seine erklärten schriftstellerischen Lieblinge.

Das Gefährliche dieses Neo-Cynismus ist die bestechende aphoristische Form, die einen Gedanken niemals consequent durchbildet, sondern nur wie eine Silhouette flüchtig hinwirft. Der Aphorismus in der Philosophie ist eine Ausdrucksform philosophischer Schwächlichkeit und Bequemlichkeit. Philosophischen Aphoristen im Stile eines Montaigne, La Rochefoucauld, Pascal, Lichtenberg, Hamann u. A. hat man bisher immer nur einen recht bescheidenen Platz in der philosophischen Rangliste zugewiesen, wenn sie ihre Ansichten nicht auch in systematischem Zusammenhange entwickelt haben, wie beispielsweise Jean Paul und Schopenhauer. Diese abschätzige Beurteilung des philosophischen Aphorismus hat ihre guten Gründe. Wem das philosophische Denken nicht spielerischer Zeitvertreib, sondern ernste Lebensarbeit ist, der wird es bei der Verbreitung philosophischer Ideen als seine Hauptaufgabe ansehen, Grund und Gegengrund sorgsam gegen einander abzuwägen, allen denkbaren Einwürfen behutsam zuvorzukommen und den zu verkündenden Gedanken solchergestalt bis in seine letzten Schlupfwinkel zu verfolgen. Der ernste Denker will seinen Leser nicht durch blendende Rhetorik überreden, sondern durch zwingende Gründe überzeugen.

Nicht so der Aphorist. Dieser überzeugt nicht, er überredet nur. Seine Aussprüche sind so apodiktisch gehalten und werden mit so erstaunlicher Selbstsicherheit vorgetragen, daß der Leser ganz kleinlaut wird und sein Urtheil bald gefangen gibt. Und doch ist es so unsagbar leicht, selbst über die unsäglich schwere Lebensarbeit eines Kant mit einem einzigen Federstrich tändelnd hinwegzuhüpfen, zumal ja der Aphorist nicht zu widerlegen, sondern nur zu widersprechen braucht. Die Eitelkeit des Dutzendlesers kitzelt es aber nicht wenig, daß er an der Hand des aphoristischen Autors in zwei Minuten über Kant weit hinausgekommen ist.

Hier nun liegt die Gefahr. Der Aphorismus verleitet zur Oberflächlichkeit und zur Selbstüberhebung. Der Leser wird durch eine geschickt zugespitzte Antithese über die Schwierigkeiten des behandelten Problems hinweggetäuscht. Statt einer gesunden geistigen Kost setzt ihm der Aphorist lauter Opiate vor, die im Augenblick sein Wissensbedürfniß stillen mögen, deren Nachwirkungen aber bald genug verspürbar sein werden. Denn wer sein Nervensystem einmal auf diese geistigen Narcotica eingestellt hat, der hat seine Empfänglichkeit für gesunde Nahrung eingebüßt. Und das fehlte dem Zeitalter des breiten Halb- und Viertelwissens gerade noch, daß auch die zart gesponnenen und fein verästelten philosophischen Probleme durch aphoristische Verwässerung und

Verflachung in die plumpen Fäuste alkoholerhitzter Bierbankredner geriethen.

Und diese Gefahr ist heute keine geringe, da Nietzsche's Aphorismen, wenn nicht alle Anzeichen trügen, sich binnen Kurzem die Zeitungsredactionen, die socialistischen Volksbibliotheken, und was noch verfänglicher ist, auch die Salons und Boudoirs erobern werden. Denn Nietzsche ist, wie ich unumwunden zugestehe, ein wirkliches Genie des Aphorismus. Und wenn er von sich behauptet, „der Aphorismus, die Sentenz, in denen ich als der Erste unter Deutschen Meister bin, sind die Formen der Ewigkeit“, so unterschreibe ich die Richtigkeit der ersten Satzhälfte ebenso, wie die Unrichtigkeit der zweiten. Nur hätte Nietzsche nicht mit den Worten fortfahren sollen: „Mein Ehrgeiz ist, in zehn Sätzen zu sagen, was jeder Andere in einem Buche sagt — was jeder Andere in einem Buche nicht sagt. Ich habe der Menschheit das tiefste Buch gegegeben, das sie besitzt, meinen Zarathustra, ich gebe ihr über Kurzem das unabhängigste“ (Götzendämmerung S. 129).

Das ist nicht mehr die Sprache eines besonnenen Denkers, sondern die eines fanatischen Sektirers oder eines durch Auto-Hypnose berauschten Pseudo-Propheten. In diesem Tone mag etwa der „General“ Booth vor seiner „Heils-Armee“ von seiner Mission sprechen. Aber eben dieser Ton prophetischer Zuversichtlichkeit und Selbstvergötterung hat für gewisse Kreise etwas magisch Anziehendes, geradezu Fascinirendes. Die Wirkung auf die Massen hat ihre eigene Psychologie. Man muß die Gebetübungen der „Heils-Armee“ z. B. beobachtet haben, um ihre Wirkungen psychologisch zu begreifen. Da wird die Menge mit einem an sich ganz ernsten, aber trivialen Text dadurch elektrisirt, daß man ihn nach den bekanntesten Melodien frivoler Gassenhauer so lange singt, bis die Masse in eine Art hysterischer Verzückung geräth [1]). Was aber die Menge dabei ursprünglich anzieht, ist natürlich nicht der Ernst des Textes, sondern das Cynische des Gassenhauers. Aehnlich erzielt Nietzsche vielfach Massenwirkungen dadurch, daß er einen an sich ernsten, wenn auch nicht gerade neuen philosophischen Text in einen prickelnden Cynismus hüllt, der jenen brutalen Instinkten schmeichelt, die auch der veredelte Culturmensch in sich vorfindet, ohne sie, trotz allen Aufgebots sittlicher Energie, durchgreifend eliminiren zu können. Der Dutzendleser hört aus dem philosophischen Grundtext Nietzsche's mit scharfgespitztem Ohr vorwiegend nur die Cynismen heraus, wie er etwa aus großen staatsmännischen Parlamentsreden nur diejenigen Stellen heraussucht, die im stenographischen Bericht durch „Bewegung" oder „schallende Heiterkeit" markirt sind.

Und so beginnt sich denn um das Banner Nietzsche's mälich eine förmliche „Unheils-Armee" von Neo-Cynikern zu scharen. Junge Literaten verdienen sich heute ihre Sporen mit Vorliebe an Nietzsche. Da werden wahl- und verständnißlos philosophische Schlagwörter aus Nietzsche zusammengetragen, unverdaute Brocken seines sogenannten Systems zusammengerafft, und man sucht, wie dies bei Jüngern einer Lehre durchgehends der Fall zu sein pflegt, den Neo-Cynismus des Meisters noch zu überbieten — freilich in diesem Falle vergebens, da der Meister selbst

[1]) Nietzsche nennt das Gebahren der „Heils-Armee" nicht übel „moralisch grunzen".

hierin die höchste erreichbare Stufe erklommen hat. Können die Jünger ihren Meister daher an Geist nicht übertrumpfen, so suchen sie doch zu copiren, nachzuäffen,· seinen concentrirten Cynismus zu verdünnen und zu verwässern. So entsteht eine erschreckend anwachsende Nietzsche-Literatur. Lauterbach, Brodtbeck, Zerbst, Hansson, der anonyme Verfasser von „Vox humana, auch ein Beichtbuch, Union, Berlin 1892" sind einige von den vordersten Fahnenträgern des Neo-Cynismus [1]). Zu den wenigen Weissagungen Nietzsche's, die wirklich eingetroffen sind, zähle ich sein hübsches Wort „Posthume Menschen — ich zum Beispiel — werden schlechter verstanden als zeitgemäße, aber besser gehört. Strenger: wir werden nie verstanden — und daher unsere Autorität" (Götzendämmerung S. 3).

Daß Nietzsche nicht verstanden worden ist, haben die bisher über ihn erschienenen Schriften gezeigt; daß er aber gehört werden wird, dürften die nächsten zehn Jahre in höherem Maße zeigen, als der gesunden geistigen Entwicklung zuträglich ist. Vollends zutreffend ist die feine Bemerkung, daß seine Autorität vornehmlich daher rühre, daß man ihn nicht verstände. Doch hat es Nietzsche durch die Form, in welche er seine philosophischen Gedanken gegossen,

---

[1]) Daß der Neo-Cynismus Nietzsche's auch in Frankreich schon Schule zu machen beginnt, hat Ludwig Bamberger in einem feinsinnigen, von glücklichen satirischen Ausfällen übersprudelnden, „Unsere Neuesten" überschriebenen Aufsatz in der Wochenschrift „Nation" (Juli 1892) ausgeführt. Nach dem Erscheinen dieses Bamberger'schen Aufsatzes hat M. G. Valbert (pseudonym für Cherbuliez) im Octoberheft der „Revue des deux Mondes" 1892 unter dem Titel „Le docteur Fr. Nietzsche et ses griefs contre la société moderne" eine interessante, fein pointirte, philosophisch freilich nicht sonderlich tief gehende Studie über Nietzsche veröffentlicht.

selbst verschuldet, daß er so wenig wirkliches Verständniß findet und daß er zur traurigen Rolle eines modernen philosophischen Fetischs herabzusinken im Begriffe steht. Hat man eine eigene Weltanschauung und will man sich der denkenden Menschheit mittheilen, dann wähle man nicht die Form des Aphorismus, der die Ideen ja doch nur gleichsam leise hinhaucht, ahnungsvoll andeutet, aber niemals mit der vollen Schärfe eines geklärten, in sich gerundeten Gedankens durchführt.

Trotz der Widersprnchsfülle und Vieldeutigkeit seiner Aussprüche gehört dem Neo-Cynismus Nietzsche's leider die nächste Zukunft, zumal er sich ein psychologisch begründetes Anrecht auch auf die Gunst der philosophirenden Frauenwelt erworben hat. Es ist nämlich ein häufig beobachteter Zug der Psychologie des Weibes, daß typische Frauenverächter eine dämonische Anziehungskraft gerade auf das schöne Geschlecht ausüben. Kein ernstes philosophisches Werk hat es je zu einer solchen Salonberühmtheit und so sehr zum ständigen Inventar der Boudoirs geistvoller Frauen gebracht, wie „die Welt als Wille und Vorstellung". Nun, auch darin ist Nietzsche philosophischer Thronerbe Schopenhauer's. Ja, er überbietet selbst Schopenhauer an cynischer Herabwürdigung des weiblichen Geschlechts[1]) — und das will wahrlich nicht wenig sagen — hat aber eben darum alle Aussicht, der verhätschelte Lieblingsphilosoph der „guten Gesellschaft" zu werden.

Im Nachfolgenden soll nun für Diejenigen, denen es um eine tiefere Würdigung der Philosophie Nietzsche's und der Gefahren zu thun ist, die sie in sich birgt, versucht

---

[1]) Jenseits von Gut und Böse, S. 180—189.

werden, die ernst zu nehmenden philosophischen Gedanken Nietzsche's jenes buntschillernden Flitters zu entkleiden, in die sie ihr Schöpfer mit einer gewissen künstlerischen Geflissentlichkeit gehüllt hat. Ueberträgt man diese Gedanken nämlich aus der verführerischen, irreleitenden dichterischen Form in die nüchterne philosophische Prosa, und rückt man sie vor Allem in den ihnen entsprechenden geschichtlichen Zusammenhang, so dürften sie an Neuheit nicht minder denn an Ueberzeugungskraft erhebliche Einbuße erfahren. Doch zuvor noch Einiges über Nietzsche's Persönlichkeit und literarischen Charakter.

II.

Lebensgang und literarischer Charakter Nietzsche's.

Die literarische Physiognomie Nietzsche's bildet ein merkwürdiges Widerspiel zu seinem persönlichen Auftreten und seinen gesellschaftlichen Gewohnheiten. Zunge und Feder standen bei ihm in einem gar wunderlichen Contrast. „Noch nie war mir bei so einnehmender Bescheidenheit im gesellschaftlichen Umgang eine so auffällig contrastirende schriftstellerische Unbescheidenheit entgegengetreten“, so kennzeichnete mir gegenüber ein Basler Regierungsrath das Wesen Nietzsche's, das im akademischen und gesellschaftlichen Leben ein Jahrzehnt lang genauer zu beobachten der betreffende Herr reichlich Gelegenheit hatte. Ein formgewandter Weltmann und beliebter Plauderer, so lange er auf dem Parquet der guten Gesellschaft sich bewegte, wurde er zum philosophischen Drachentödter, sobald er sich an seinen Schreibtisch setzte. Im Frack war er von schüchterner Zurückhaltung und ausgesuchter Höflichkeit, im Schlafrock und mit der Feder in der Hand voll rücksichtsloser Rauflust und mephistophelischer Bosheit.

Schon als Professor in Basel trieb er in seinen dort niedergeschriebenen Aphorismen mit Gott und Welt den ausgelassensten Spott; aber die „Gesellschaft" Basels, vorab die akademische, ahnte von alledem nichts. Sein gesellschaftliches Benehmen hatte nichts Auffälliges, geschweige denn Absonderliches, so daß man vor dem Erscheinen seiner „Unzeitgemäßen Betrachtungen" und seines „Menschliches, Allzumenschliches" in seiner akademischen Umgebung nichts weiter von ihm wußte, als daß er ein ungemein beliebter akademischer Lehrer und vorzüglicher Philologe sei, der es freilich durch seine Schrift „Die Geburt der Tragödie aus dem Geiste der Musik" (Leipzig 1872) mit seinen engeren Fachgenossen, den pedantischeren zumal, gründlich verdorben habe.

Seine äußere Erscheinung war eine sympathische, ohne gerade für Männer etwas Bestechendes zu haben. Um so größeren Eindruck machte er auf die Frauen, deren verzärteltes Schoßkind er von jeher gewesen war. Schon die erste Umgebung des am 15. October 1844 in Röcken bei Lützen geborenen Knaben setzte sich aus Frauen — Mutter und Schwester — zusammen. Den Vater, der zuletzt Pastor in Naumburg an der Saale war, hatte er früh verloren. Und so führt denn auch Ola Hansson, ein begeisterter Jünger Nietzsche's, das zarte, überempfindliche, etwas weichliche Wesen des Philosophen auf dessen einseitige Bevorzugung des Verkehrs mit geistvollen — meist älteren — Frauen zurück. In Basel freilich vermochte er diesem Hange seines Wesens nur in bescheidenen Grenzen zu folgen, doch hatte er hier zeitweilig seine Schwester um sich, die ihm das Hauswesen besorgte. Aber in Nizza, Sils Maria, Leipzig und Turin, wo er sich nach seiner im Jahre 1879 aus Gesundheitsrücksichten erbetenen Entlassung vom Lehramt[1]) abwechselnd aufhielt, war er von der Frauenwelt förmlich umschwärmt. In den geistig vornehmen Kreisen Leipzigs, wo Nietzsche unter Anderen in engstem freundschaftlichen Verkehr mit einem der bekanntesten Historiker der Philosophie stand, galt es als ein kleines Fest, wenn der immer schwermüthiger werdende Philosoph im Winter in der Gesellschaft auftauchte. Er brauchte sich nur zu zeigen, um sogleich eine erlesene Schar geistvoller Frauen, die zu ihm und seinem guten philosophischen Stern gläubig emporschauten, um sich zu sammeln.

Dieser Auszeichnung seitens des schöneren Geschlechts mag es wohl zum guten Theil zuzuschreiben sein, daß Nietzsche in seinem äußeren Auftreten von peinlicher Sauberkeit und gewähltem Geschmack war. So erschien er in Basel, wie mir einer seiner dankbarsten Schüler mittheilt, auch im Colleg stets in sorgfältiger, eleganter Toilette, im Sommer mit weißem Cylinder und, wenn es das Wetter nur irgend gestattete, in heller Kleidung. Als akademischer Lehrer entfaltete er in Basel, wohin er 1868, vierund-

---

[1]) Daß Nietzsche mit vollem Gehalte pensionirt wurde, wie Georg Adler, „Nord und Süd", Bd. LVI, Heft 168 annimmt, ist nicht richtig; dazu war seine Amtsdauer eine zu kurze. Dagegen bezieht er noch heute aus zu diesem Zwecke besonders aufgebrachten Mitteln von Basel eine Pension von 1500 Franken.

zwanzigjährig, auf Empfehlung seines Lehrers Ritschl berufen wurde, noch bevor er den Doctorgrad erlangt hatte, weniger eine ausgebreitete, denn eine intensive Wirksamkeit. Er hatte es darauf abgesehen, die tüchtigsten Köpfe aus dem Wust des Mittelmäßigen heraus zu destilliren und gerade diesen eine besondere Sorgfalt zu widmen. Seine bevorzugten Schüler schauten mit dankbarer Verehrung zu ihm empor. Einer derselben, jetzt ein sehr geschätzter akademischer Lehrer, der in den Jahren 1873/4 bei Nietzsche Collegien über „die vorplatonische Philosophie" und „Platon's Leben und Schriften" gehört hat, schildert mir seine Eindrücke folgendermaßen: „Nietzsche zählte damals achtundzwanzig Jahre; um so eigenthümlicher erschien uns seine Art, welche die philosophische Abklärung höheren Alters zur Schau trug. Ein langsamer, leiser, nie pathetischer Vortrag zeichnete ihn aus, mit gedankenvollen „Kunstpausen", wie unser Terminus technicus lautete, auffallend durchwoben. Im Colleg las er, und zwar aus einem in weiches, rothes Leder eingebundenen schönen, großen Heft. Den griechischen Unterricht am Pädagogium[1]) begann er bei uns gerade mit dem Allerschwierigsten, den „Eumeniden" des Aeschylos. Oefters gab er uns in der Schule Vorträge zum Besten, über die griechische Tragödie (seine damalige Lieblingsbeschäftigung), über die Anfänge der griechischen Philosophie, über Sprachphilosophie u. a. m. und ließ uns gelegentlich, auch unpräparirt, Vorträge halten, oder aus Grote's „Geschichte Griechenlands" vorlesen."

Aufsehen erregte er in Basel zuerst durch einen Cyclus

---

[1]) An welcher Anstalt Nietzsche neben einem Jacob Burkhardt und Moritz Heyne zu lehren, in Folge seiner Professur an der Universität verpflichtet war.

von Vorträgen in der Aula „über die Verkehrtheit der heutigen Erziehung". Im kritischen Theil dieser Vorträge entwickelte er vorzugsweise jene Gedanken, die in seinen „Unzeitgemäßen Betrachtungen" niedergelegt sind. Als er jedoch im letzten Vortrag seine positiven Verbesserungsvorschläge vorbringen sollte, zog er es vor, den Cyclus jäh abzubrechen, da er jeder Collision mit der öffentlichen Meinung scheu aus dem Wege ging. Dieser Zug ist so recht bezeichnend für das Doppelwesen Nietzsche's: im bürgerlichen Leben voll besonnenster Rücksichtnahme, am Schreibpult von verwegenster Unerschrockenheit.

Was bezüglich seiner militärischen Stellung während des deutsch-französischen Krieges in Umlauf gesetzt worden ist, beruht zumeist auf willkürlicher Combination. Er hat nicht als Officier der reitenden Artillerie der Armee angehört, wie mehrfach behauptet worden ist[1]), sondern er war dem Sanitätscorps zugetheilt, wie ich aus dem Baseler Freundeskreise Nietzsche's zuverlässig erfahren habe.

Die centrale Lage Basels bot ihm reichliche Gelegenheit, viel und mancherlei von dem Besten kennen zu lernen, „was zwischen Paris und Petersburg wächst", doch bekundete er eine besondere Vorliebe für bedeutende Männer seiner zweiten Heimath, so insbesondere für den Culturhistoriker Jacob Burkhardt, mit welchem ihn ein enges Freundschaftsverhältniß verband, das sich trotz seiner wechselnden Stimmungen und häufig jäh umschlagenden Sympathien nie-

---

[1]) Georg Brandes, „Deutsche Rundschau" 1890, Bd. LXIII, S. 52, danach Georg Adler, „Nord und Süd", Bd. LVI, Heft 168. Anderen Darstellern hat die Phantasie gar den Possen gespielt, Nietzsche mit Ed. von Hartmann in eine Parallele zu bringen, da beide der preußischen Armee als active Officiere angehört hätten.

mals gelockert hat. So hegte er eine große Verehrung für die beiden Züricher Meister Gottfried Keller und Arnold Böcklin, die ihm eine neue Cultur der Nordschweiz anzubahnen schienen. Persönliche Freundschaft erlesenster Art verband ihn auch mit dem Baseler Kirchenhistoriker, Professor Overbeck.

Neben Burkhardt haben die Persönlichkeit Richard Wagner's und die Schriften Arthur Schopenhauer's wohl den tiefstgreifenden Einfluß auf Nietzsche ausgeübt. Die anfängliche Verehrung für Wagner trieb er so weit, daß er, wie es im Vorwort der Wagner gewidmeten „Geburt der Tragödie" heißt, bei Allem, was er sich erdachte, mit Wagner wie mit einem Gegenwärtigen verkehrte und nur etwas dieser Gegenwart Entsprechendes niederschreiben dürfte. Und der Eindruck von Schopenhauer's Schriften auf ihn war ein so bezwingender, daß er gleich bei der ersten Seite das Gefühl hatte, er werde jetzt jede Zeile dieses Autors lesen und auf jedes Wort Acht geben, selbst auf die Irrthümer, die sich bei ihm vorfinden.

Dem Ursprung der Moral nachzuspüren, scheint schon des Knaben Lieblingsbeschäftigung gewesen zu sein. Wenigstens widmete er mit dreizehn Jahren, also in einem Alter, wo man „halb Kinderspiele, halb Gott im Herzen" hat, sein erstes literarisches Kinderspiel, seine erste philosophische Schreibübung, diesem Problem, indem er Gott zum Vater des Bösen machte („Zur Genealogie der Moral", 2. Aufl., Leipzig 1892, Vorrede). Er selbst datirt seinen bewußten Kampf gegen die herrschende Weltauffassung vom Jahre 1872, da er in der 1889 erschienenen „Götzendämmerung" (S. 61) angibt, daß er nunmehr seit siebzehn Jahren gegen den entgeistigenden Einfluß des jetzigen Wissenschaftsbetriebs ankämpfe. Er scheint demnach seine 1872 erschienene „Geburt der Tragödie" für die erste Ankündigung dieses Kampfes anzusehen. Doch ergeht es ihm darin, wie manchem anderen Denker, daß er sich in der Rückdatirung seiner Ideen einer großen Selbsttäuschung hingibt. Es mag sein, daß jene Gedanken, die später sein geistiges Selbst ausmachen sollten, ihn schon damals ahnungsvoll und dämmerhaft umschwebt haben; aber zu klarer Durchbildung gelangten sie erst eine geraume Weile später. Wenigstens vermag ich weder in der „Geburt der Tragödie", noch in seinen „Unzeitgemäßen Betrachtungen", ja, noch nicht einmal in der ersten Auflage von „Menschliches, Allzumenschliches" das charakteristische Wesen der Philosophie bezw. Sociologie Nietzsche's zu erblicken. Seine schriftstellerische Eigenart verleugnet er freilich niemals. Die Klaue des Löwen verrathen schon die ersten Aphorismen, nur daß sie in „Menschliches, Allzumenschliches" die heutige Cultur bloß unsaft streichelt, während sie dieselbe in den späteren Schriften blutig krallt und zerzaust. Darin mag Nietzsche also Recht haben, daß die im Winter 1876—77 in Sorrent niedergeschriebenen, den Inhalt von „Menschliches, Allzumenschliches" ausmachenden Aphorismen ihren Gedanken nach älteren Ursprungs seien; nur täuscht er sich in der Annahme, es seien dies die gleichen Ideen, die in den späteren Schriften nur „reifer, heller, stärker, vollkommener geworden sind („Zur Genealogie der Moral", Vorrede). Nein, die Methode ist „reifer" und „heller", die Ideen selbst aber sind nicht „stärker", sondern überhaupt andere geworden. Und dazu mag die Schrift seines Freundes Paul Rée „Der Ursprung der moralischen Empfindungen" (Chemnitz 1877) nicht wenig beigetragen haben, trotzdem Nietzsche bei der Lectüre dieses Buches „Satz für Satz und Schluß für Schluß" bei sich Nein gesagt hat. Gerade die Bücher regen uns am meisten an, die uns zu einem durchgängigen und energischen Widerspruch herausfordern. Meiner Ueberzeugung nach hat erst Paul Rée dem schlummernden Systematiker in Nietzsche philosophisch die Zunge gelöst, ebenso wie umgekehrt Nietzsche's spätere Schriften seinen Freund Rée auf jene Gedankenwege führten, die er in seiner 1885 erschienenen, von Nietzsche trotz des fortdauernden Freundschaftsbündnisses ignorirten Schrift „Die Entstehung des Gewissens" beschritten hat.

Daß man seiner eigenen schlummernden Gedanken erst Herr wird, wenn sie, durch Widerspruch gereizt, zum bewußten Dasein geweckt werden, ist in der Geistesgeschichte nicht ohne Vorbild. So hat beispielsweise Leibniz sein philosophisch werthvollstes Werk, die „Nouveaux Essais sur l'entendement humain" bekanntlich nur als Gegenstück zu Locke's „Essays concerning human understanding", und zwar zunächst nur zu eigenem Gebrauch, verfaßt. Nietzsche kann daher — si parva licet componere magnis — den Anstoß zur Concipirung und Ausreifung von Ideen, die ihn längst ahnungsvoll umschlichen haben mochten, ohne daß sich bei ihm bisher der adäquate Ausdruck, der diese Ideen festzuhalten und zu bannen geeignet schien, eingestellt hätte, sehr wohl von Paul Rée empfangen haben.

Die Schriften der achtziger Jahre erst stellen eine aufsteigende Stufenleiter dar im Werden und Wachsen dessen, was man als die zweite Phase des Nietzscheschen Denkens bezeichnen kann.

Der Standpunkt des „Immoralismus", der bewußten „Umwerthung aller moralischen Werthe" ist nunmehr gefestet und wird nie wieder aus den Augen verloren. Die erste Auflage der „Morgenröthe, Gedanken über die moralischen Vorurtheile 1881“[1]), sowie „Die fröhliche Wissenschaft, la gaya scienza 1882“ kündigen den entschlossenen Kampf gegen die herrschende Moral schon muthig an, und „Also sprach Zarathustra, ein Buch für Alle und Keinen, Heft I—III, 1884 und Heft IV, 1891“ verleiht diesem Kampf die mystische Weihe. Dann folgen mit unheimlicher Productionswuth Schlag auf Schlag „Jenseits von Gut und Böse, 1886“, das geschlossenste, inhaltlich gerundetste seiner Werke, „Zur Genealogie der Moral, 1888“, die systematische Zusammenfassung seiner Moralprincipien, endlich „Die Götzendämmerung oder wie man mit dem Hammer philosophirt, 1889“[2]), seine letzte, packendste, von sprühenden, geistvollen Bemerkungen förmlich übersprudelnde Schöpfung.

Zu Beginn des Jahres 1889, fast gleichzeitig mit der Ausgabe der „Götzendämmerung“, brach über Nietzsche jene

---

[1]) Die verständnißvollste, feinsinnigste Würdigung der Schriften Nietzsche's, insbesondere der „Morgenröthe“, fand ich in einem kleinen, zu Unrecht unbeachtet gebliebenen geistsprühenden Aufsatz von Carl Spitteler, „Friedrich Nietzsche aus seinen Werken“, Sonntagsbeilage des „Bund“ 1888, S. 3 ff. Bemerkenswerth ist an diesem Aufsatz unter Anderem auch, daß er einer Zeit entstammt, da Nietzsche noch als verkannter, halb verschollener Denker in Turin weilte, ohne daß seine Werke, die erst nach seiner Krankheit weiteren Kreisen bekannt geworden sind, für die große Tagespresse mehr bedeutet hätten als lästige Maculatur. Auf die treffliche Charakteristik, die Spitteler vom Schriftsteller Nietzsche entwirft, sei hier ausdrücklich verwiesen.

[2]) Seine beiden, aus der gleichen Zeit stammenden Schriften gegen Wagner, „Der Fall Wagner 1888“ und „Nietzsche contra Wagner 1889“ können hier füglich außer Berücksichtigung bleiben, da sie keinerlei philosophisches Interesse darbieten.

Katastrophe herein, die seine näheren Freunde mit wachsender Pein als unabwendbares Geschick vorausgesehen hatten. Es scheint nun einmal großen deutschen Denkern nur selten beschieden zu sein, sich an den Früchten ihrer Lebensarbeit erlaben zu dürfen. Eben begannen die ersten Anzeichen der von Nietzsche so sehnsüchtig herbeigewünschten öffentlichen Anerkennung hervorzutreten, als sich jener unheimlich dunkle Schleier über seinen Geist senkte, der seine, wie es leider den Anschein hat, bleibende Umnachtung herbeigeführt hat.

Diesen nur allzu bekannten schrillen Abschluß eines so reich begabten Geistes, den ich, wie der Tact gebietet, am liebsten mit Stillschweigen übergehen möchte, deute ich nur an, um eindringliche Verwahrung gegen die anwidernde Art einzulegen, mit welcher man vielfach aus der Krankheit des Philosophen Rückschlüsse auf die Beschaffenheit seiner Werke zu ziehen sich unterfängt. Es widersteht mir, das seit Aristoteles bis auf Wilhelm Dilthey und Cesare Lombroso in den mannigfachsten Variationen behandelte Thema von „Genie und Wahnsinn" an einem so peinvollen, niederschlagenden Beispiel zu illustriren. Nur kann ich den Widerwillen nicht unterdrücken, der mich jedesmal erfaßt, wenn ich in öffentlichen Blättern von täppischen, ungeschlachten Händen an dem „Fall Nietzsche" herumzausen sehe; wenn Schriftsteller, die in die Gefahr, sich wie Nietzsche geistig auszugeben, schon darum nicht gerathen können, weil sie nichts auszugeben haben, von dem pathologischen Charakter der Schriften Nietzsche's faseln und wichtigthuerisch an ihnen herumseciren. Wirkliche Kenner Nietzsche's brauche ich nur darauf zu verweisen, daß selbst die letzten Arbeiten, die wir von ihm haben — das vom 30. September 1888 datirte Vorwort zur „Götzendämmerung" und die dem letzten Theil von „Also sprach Zarathustra" angefügten, im Herbst 1888 entstandenen „Dionysos-Dithyramben" — von der unmittelbar bevorstehenden Katastrophe so wenig verrathen, wie irgend eine seiner Schriften der achtziger Jahre. Steht er doch gerade in seinem letzten Werk, der „Götzendämmerung", auf der Vollhöhe seines literarischen Schaffens!

Je grundsätzlicher und nachdrucksvoller ich die gesammte Weltanschauung Nietzsche's zu bekämpfen mich gedrungen fühle, desto williger und rückhaltloser räume ich ein, daß seine Werke, auch wo sie wegen ihres cynischen Inhalts abstoßen, *schriftstellerisch* zu dem Vornehmsten und Erlesensten gehören, was die Weltliteratur hervorgebracht hat. Wem es nur um *literarische* Genüsse zu thun ist, der wird an der auch von Schopenhauer nicht erreichten Sprachgewalt, an dem meisterhaft ausgefeilten und zugestutzten Antithesenspiel, an dem unerschöpflich sprudelnden Born der in Bildern und Gleichnissen glücklichster Art sich ergießenden Einbildungskraft Nietzsche's sein Ergötzen finden. Wer es jedoch auf eine ernste *philosophische* Belehrung abgesehen hat, oder wer gar seine durch die Blasirtheit des Skepticismus und des leider immer noch verbreiteten Pessimismus zerrüttete philosophische Constitution an der Hand dieses Neo-Cynismus der Gesundung entgegenführen möchte, dem sollen die nachfolgenden Untersuchungen über das Wesen der Nietzsche'schen Weltanschauung zur Warnungstafel mit der Aufschrift dienen: „Lasciate ogni speranza, voi ch'entrate".

Dem feinspürigen Beobachter der erschreckend raschen

Pulsschläge unserer nervös überreizten Zeit kann es nämlich nicht entgangen sein, daß die Nietzsche'schen Ideen gerade dort am tiefsten und festesten Wurzel gefaßt haben, wo das Erdreich ohnehin stark gelockert und aufgewühlt war. Die Décadents unserer jüngstdeutschen Literatur, die Schriftsteller fin de siècle und — so absonderlich es klingen mag — nicht zuletzt die junge literarische Garde der Socialdemokratie bilden heute den großen Generalstab der täglich anwachsenden Nietzsche-Armee. Es ist das eine merkwürdige, kunterbunt durcheinander gewürfelte Gesellschaft, die sich da zur Schilderhebung Nietzsche's zusammengefunden hat. Am merkwürdigsten freilich berührt es, daß die „Freie Bühne", das Organ des mit dem Socialismus liebäugelnden, aber in Wirklichkeit nur mit ihm spielenden jüngeren Berliner Literatenthums sich in wahren Orgien des Nietzsche-Cultus gefällt. Wer eine so ernste Erscheinung, wie der Socialismus als neue politische Theorie zweifelsohne ist, auch nur einen Augenblick, und sei es auch nur von einer Seite, tiefer erfaßt hat, der wird sich der Ueberzeugung kaum verschließen können, daß Nietzsche's politische und Cultur-Ideale den genauen Gegenpol zu denen des Socialismus bilden. Ja, der Soeialismus hat heute keinen radikaleren und eben wegen seiner unerbittlichen Consequenz gefährlicheren theoretischen Gegner, als diese anarchisch-aristokratische Theorie Nietzsche's. Welchen Grad muß nun die Begriffsverwirrung unserer Zeit erreicht haben, wenn socialistische Schriftsteller unter völliger Verkennung dieses unüberwindbaren Gegensatzes Nietzsche zu ihrem Leibphilosophen erheben!

An sich ist es freilich erfreulich, daß heute wieder eine etwas frischere philosophische Brise durch die Lande weht.

Man hat sich im „Zeitalter der Naturwissenschaft" an der von dieser beigebrachten erdrückenden Fülle von Thatsachen nach und nach dermaßen gesättigt, daß den lechzenden Gaumen wieder einmal nach Ursachen dürstet. Schade nur, daß von dieser philosophischen Brise vorerst bloß die Segel des in seinem Kurs einem uferlosen Meere zutreibenden Nietzsche'schen Gedankenschiffes berührt werden. Wie viel Erfrischendes könnte eine gesunde, dem krankhaften Pessimismus abgekehrte philosophische Durchbildung für unsere etwas lahm gewordene Generation haben, und wieviel Unheil wird statt dessen der auf den Kopf gestellte Schopenhauerianismus Nietzsche's voraussichtlich wieder anrichten!

Die kurzsichtige Mittelmäßigkeit wird sich allerdings durch Nietzsche zunächst von jenem Alpdruck des Pessimismus, der erdrückend schwer auf der gesammten geistigen Production der letzten Jahre lastete, befreit fühlen. Sie wird die anscheinend würzige Höhenluft eines sich überschlagenden Optimismus in gierigen Zügen einsaugen, ohne zu merken, daß auch diese Luft nicht rein, vielmehr mit ebenso schädlichen, nur anders gearteten Miasmen geschwängert ist. Nietzsche's anarchisch-aristokratische Weltanschauung enthält nicht die Lösung, welcher unsere geistig revolutionirte Zeit hoffnungsfreudig entgegenharrt; sie umsegelt zwar nicht ungeschickt die Charybdis des Pessimismus, aber an der Scylla des gesunden Menschenverstandes, des allen Vernünftigen einwohnenden bon sens, wird sie unfehlbar zerschellen.

III.

Kritik der Metaphysik und Erkenntnißtheorie Nietzsche's.

Ist Nietzsche ein Systematiker der Philosophie? Die Beantwortung dieser Frage hat jeder weiteren Untersuchung über das Wesen seiner Weltanschauung voranzugehen. Man klärt die Situation und erleichtert sich die Arbeit, wenn man die Grenzen der Untersuchung scharf absteckt, weil sich alsdann der Kreis der Gegenstände, über die man sich zu verbreiten hat, naturgemäß entsprechend verengt. Sollte sich uns ergeben, daß Nietzsche ein Systematiker der Philosophie in ihrem weitesten Verstande weder zu sein selbst beansprucht noch auch entfernt beanspruchen darf, dann hat sich unsere Untersuchung von selbst nur auf diejenigen Gebiete der Philosophie zu beschränken, die unser Denker in eigenartiger Weise behandelt hat.

Zu diesen von Nietzsche berührten Gebieten gehört nun grade die herkömmliche Aufgabe der Philosophie, den Weltursprung zu begreifen und den etwaigen Weltzweck zu erklären, offenbar nicht. Das große metaphysische Problem der Weltentstehung und Weltentwicklung, welches bisher das gedankliche Centrum der tragenden philosophischen Geister aller Völker gebildet hat, schrumpft in seinen Augen zu zwerghafter Nichtigkeit, zur quantité négligeable der Philosophie zusammen. Der von Platon ausgehende und sich durch die ganze Geschichte der Philosophie bis auf Hegel fortspinnende Idealismus ist in seinen Augen nur „höherer Schwindel" („Götzendämmerung" S. 132). Ueberhaupt ist ihm jedes eigentliche philosophische System zuwider:

„Ich mißtraue allen Systematikern und gehe ihnen aus dem Wege. Der Wille zum System ist ein Mangel an Rechtschaffenheit" (ebenda S. 5). Er sieht in jeder bisherigen großen Philosophie nur „das Selbstbekenntniß ihres Urhebers und eine Art ungewollter und unvermerkter mémoires" („Jenseits von Gut und Böse" S. 8). Man wird es demnach nicht als Schmälerung seiner Bedeutung ausdeuten können, wenn ich auf die aufgeworfene Frage, ob Nietzsche ein Systematiker der Philosophie sei, mit einem runden und rückhaltlosen Nein antworte. Ein Philosoph in jenem großen Stile, wie wir ihn etwa zuletzt noch in seinem Meister Schopenhauer besaßen, war er weder, noch wollte er, wie die angeführten Selbstzeugnisse beurkunden, dafür gelten.

Sein centrales Problem war überhaupt nicht die Welt, sondern der Mensch. Seine Schwärmerei für die italienische Renaissance und deren glanzvollen Darsteller, Jacob Burkhardt, wurzelt tief in seinem Wesen; er fühlt seine Wahlverwandtschaft mit der Renaissance, weil diese, nach einem schönen Wort Michelet's, das sich Burkhardt aneignete, den Menschen recht eigentlich entdeckt, vorsichtiger ausgedrückt, wiederentdeckt hat. „Zu der Entdeckung der Welt fügt die Cultur der Renaissance eine noch größere Leistung, indem sie zuerst den ganzen, vollen Gehalt des Menschen entdeckt und zu Tage fördert", heißt es bei Burkhardt „Die Cultur der Renaissance in Italien". 2. Aufl. S. 241. Die „Vollendung des Individuums", die „volle Persönlichkeit", wie sie nach den anziehenden Schilderungen Burkhardt's die Renaissance von ihrem Idealmenschen forderte, waren das Modell, nach welchem Nietzsche seinen „Europäer von Uebermorgen" gezeichnet hat.

Der Mensch in seiner Cultur, Moral und Geschichte, und nur dieser, bildet den letzten Gedankenkern Nietzsche's. Was an metaphysischen Floskeln und erkenntnißtheoretischen Bizarrerien in seinen Schriften umherschwirrt, ist Folie, bloße Hülse. Aus dem großen Gesammtgebiet der Philosophie, deren Haupttheile die Metaphysik, Logik, Erkenntnißtheorie, Psychologie, Ethik und Aesthetik bilden, hat er nur einen kleinen Ausschnitt in den Bereich seines Denkens gezogen. Ernstlich ist er eigentlich nur der Frage nach dem Ursprung der menschlichen Gesellschaft und dem Zweck des Individuums nachgegangen, so daß man bei ihm von einer einheitlichen Weltanschauung gar nicht, sondern höchstens von einer Lebensanschauung in dem Verstande sprechen kann, was Ursprung, Inhalt und Zweck des menschlichen Lebens, bezw. Zusammenlebens sei.

Streng betrachtet schrumpft die sogenannte Philosophie Nietzsche's, die sich im Wesentlichen auf die Probleme der Cultur und Moral beschränkt, auf eine geschichtsphilosophische Theorie zusammen, die in der wissenschaftlichen Tendenz auf der gleichen Linie mit Herder, Hegel und Marx steht, und nur in ihrer Begründung und ihren Zielen von diesen Geschichtsphilosophen abweicht. Ob ich nämlich mit Herder die Cultur als Product der Entwicklung oder mit Hegel als Erzeugniß der Selbstentfaltung des absoluten Geistes oder mit Marx als Resultat von Klassenkämpfen, die stets aus ökonomischen Vorbedingungen erwachsen, oder endlich mit Nietzsche als Ausfluß des „Willens zur Macht" begreife, das bedeutet immer nur einen Unterschied im Inhalt der Formel, nicht aber einen solchen der Methode überhaupt. Denn alle diese geschichtsphilosophischen Systeme kommen darin überein, daß man die Cultur (mit

Einschluß von Moral und Geschichte) aus Einem Princip ableiten könne, heiße nun dieses Entwicklung, absoluter Geist, ökonomische Evolution oder Wille zur Macht. Nicht umsonst gehört Hegel zu den wenigen großen Denkern, die in Nietzsche's Auge Gnade finden und von ihm glimpflich behandelt werden: die geschichtsphilosophische Methode Hegel's war ihm, trotz seines instinctiven Widerwillens gegen alle Metaphysik, unbewußtes Vorbild.

Kennzeichnet sich Nietzsche solchergestalt mehr als Geschichtsphilosoph und Theoretiker der Ethik, denn als großer, alle philosophischen Probleme umspannender Denker im Stile Schopenhauer's, so versteht es sich gleichwohl von selbst, daß er auch an den metaphysischen, psychologischen und erkenntnißtheoretischen Problemen seiner Zeit nicht achtlos vorbeigehen durfte, ohne zu diesem oder jenem, sei es billigend, sei es polemisch, Stellung zu nehmen. Sind doch alle philosophischen Probleme so eng mit einander verwachsen, daß man nicht willkürlich eines derselben herausgreifen und isoliren kann, ohne die übrigen mitzuziehen oder doch wenigstens zu streifen. Die originelle Behandlung auch nur einer einzigen philosophischen Frage hat zur Vorbedingung, daß man sie zwar eine Weile gesondert behandeln kann, aber doch am letzten Ende in einen tieferen Zusammenhang mit der philosophischen Gesammtüberzeugung rücken muß. Es mag daher auf Grund der hierüber bei Nietzsche freilich nur spärlich vorhandenen, noch dazu einander nicht selten widersprechenden Andeutungen versucht werden, seine philosophische Gesammtüberzeugung aus seinen Werken zu construiren.

Einen Fingerzeig zur Ermittlung seiner Weltauffassung, die er selbst ja niemals im Zusammenhang auch nur angedeutet hat, die man vielmehr erst aus seinen arabeskenartig verschlungenen Gedankengängen und den in den mannigfaltigsten philosophischen Farben schillernden Aphorismen mosaikartig zusammenfügen muß, bieten uns seine zahlreichen Aussprüche über hervorragende Denker und Systeme. Freilich erfahren wir dabei mehr von den Richtungen, die er energisch ablehnt, als von denen, die seinem eigenen Denken verwandt sind, da er zwar im Ausdruck seiner philosophischen Antipathien ebenso wenig wählerisch wie sparsam ist, hingegen in der Betonung seiner Sympathien sich einer auffälligen Reservirtheit befleißigt.

Zum sokratisch-platonischen Idealismus befindet sich Nietzsche in voller und bewußter Gegensätzlichkeit. Ja, er sieht grade in Platon seinen philosophischen Gegenfüßler. Denn Platon's „Erfindung vom reinen Geist und vom Guten an sich" hat die heitere hellenische Dionysos-Natur verunstaltet, den gesunden Willen zur Macht angekränkelt, den Werth des Lebens aber damit auf ein Nichts herabgedrückt. Platon sei verführt durch seinen Lehrer Sokrates, der bereits den „Niedergangs-Typus" und die „Verfallssymptome" der griechischen Kalokagathie darstelle, weil er zum „Pöbel" gehöre, da er in seiner „Décadence-Philosophie" mit „Rhachitikerbosheit" jene verhängnißvolle, einer Idiosynkrasie entsprungene Gleichsetzung von „Vernunft-Tugend-Glück" zuerst vollzogen hat. Denn „die Instinkte bekämpfen müssen — das ist die Formel für décadence; so lange das Leben aufsteigt, ist Glück gleich Instinct", so lautet die Grundformel Nietzsche's. Diese Formel hat aber in der Philosophie keinen schärferen Widerpart als die Entsagungslehre der sokratisch-platonischen Ethik und des von dieser erfüllten Christenthums, das in den Augen Nietzsche's nichts weiter ist, als „Platonismus fürs Volks" („Jenseits von Gut und Böse", Vorrede, „Götzendämmerung" S. 9—16).

Unter den antiken Denkern findet neben den Cynikern, an die er sich vielfach anlehnt, einzig Heraklit, der dunkle Philosoph von Ephesos, in seinen Augen Gnade. „Ich nehme mit hoher Ehrerbietung den Namen Heraklit's bei Seite," heißt es bei Nietzsche in einem seiner ebenso zahlreichen wie geschmack- und pietätlosen Ausfälle gegen das „Philosophenvolk". Daß Heraklit gegen die Eleaten das Sein leugnet und das Werden für die Substanz der Dinge erklärt, hat ihm in diesem Jahrhundert den Beifall Hegel's eingetragen, der bekanntlich den Ausspruch gethan, es gäbe keinen Satz Heraklit's, den er nicht in seine „Logik" aufgenommen und verarbeitet hätte. Dem Brausekopf und jugendlichen Feuergeist Ferdinand Lassalle hat es der aristokratische Heraklit dermaßen angethan, daß er ihn zu einem, freilich vom Hegel'schen Geiste durchzogenen und getragenen zweibändigen Werke inspirirt hat. Und Nietzsche rechnet Heraklit „zu den königlichen und prachtvollen Einsiedlern des Geistes". Kein Wunder, da er seine Wahlverwandtschaft mit Heraklit herausfühlt. Der dunkle Philosoph von Ephesos war ein begnadeter Aphorist und radicaler Aristokrat wie Nietzsche, und ich wüßte in der Geschichte des menschlichen Denkens Niemanden zu nennen, der es mit so virtuoser Vollendung verstanden hätte, in so wenig Worten mit so viel Geist so Verkehrtes zu sagen wie diese beiden „königlichen Einsiedler des Geistes". So lobt er u. A. an Heraklit, daß er dem Lärm und Demokratengeschwätz der Ephesier ausgewichen ist.

An Systematikern vom Range eines Aristoteles glaubt Nietzsche achtlos vorbeigehen zu dürfen, wenigstens ist mir keine Stelle aufgefallen, an der er sich mit diesem „Welteroberer des Geistes" auseinandergesetzt hätte. Das ist bezeichnend genug für seine Stellung zur systematischen Philosophie. Aristoteles, Descartes, Spinoza, Leibniz und Kant gehören nach ihm in die Rumpelkammer des Gedankens, und Männer wie Macchiavelli, Galiani, Stendhal, Emerson und Dostojewsky sind die philosophischen Götter, zu denen er sich bekennt. Sokrates ist in seinen Augen ein „Hanswurst", Plato findet er „langweilig", Aristoteles ist der Erwähnung gar nicht würdig, die Stoiker sind „wunderliche Schauspieler und Selbstbetrüger", die „große Blutaussaugerin, die Spinne Skepsis", gilt ihm nur für physiologische Entartung, für „Nervenschwäche und Kränklichkeit", Descartes ist „oberflächlich", Blaise Pascal nennt er einen „Selbstmörder der Vernunft", Spinoza treibt in seinen Augen nur „Hocuspocus", Kant apostrophirt er spottend: „Cant (englisch „Heuchelei", anspielend auf Kant's schottische Abstammung) als intelligibler Charakter" und bezeichnet ihn als „Philosophen der Hinterthüren", Auguste Comte charakterisirt er als „jenen klügsten Jesuiten[1]), der seine Franzosen auf dem Umweg der Wissenschaften nach Rom führen wollte", Schiller verhöhnt er als „Moral-Trompeter von Säkkingen", Carlyle ist ihm ein „Halb-Schauspieler und abgeschmackter Wirrkopf", eine „heroisch-moralische Interpretation dyspeptischer Zustände", wie er denn überhaupt gerade in der „englisch-mechanistischen Weltvertölpelung", wie sie Bacon, Hobbes, Locke und Hume

---

[1]) Eines der wenigen überraschend zutreffenden Urtheile Nietzsche's über große Denker. Beweis: die einzige brauchbare deutsche Arbeit über Comte's Leben und Lehre hat zum Verfasser Hermann Gruber, Societatis Jesu.

betrieben, nur „eine Erniedrigung und Werthminderung des Begriffs Philosoph" sieht. Seine Idiosynkrasie gegen England kennt gar keine Grenzen. Bentham ist ihm „flach und plump". Darwin, gegen den er recht unglücklich polemisirt, John Stuart Mill, dessen Philosophie ihm gleichbedeutend ist mit „beleidigender Klarheit", und Herbert Spencer, den er, mit den Socialisten in einen Topf werfend, als décadent verächtlich abthut, diese drei größten Engländer des Jahrhunderts, sind für Nietzsche „achtbare, aber mittelmäßige Geister".

Nicht viel glimpflicher behandelt er übrigens seine deutschen philosophischen Zeitgenossen Eugen Dühring und Eduard von Hartmann; jenen betitelt er „Anarchist", diesen „Amalgamist", und in einem boshaften Ausfall gegen das berüchtigte „Und" der Deutschen, wie es am typischsten in „Goethe und Schiller" wiederkehrt, heißt es: „Es gibt noch schlimmere „und"; ich habe mit meinen eigenen Ohren, allerdings nur unter Universitätsprofessoren, gehört „Schopenhauer und Hartmann".

Es verdient im Uebrigen hervorgehoben zu werden, daß Nietzsche seinem Meister Schopenhauer, unter dessen Banne er eine Weile philosophisch ebenso unbedingt stand wie musikalisch unter dem Wagner's, um sich später gegen beide Männer mit vergifteten Pfeilen zu kehren, trotz aller Malicen eine gewisse an Ehrfurcht grenzende Hochachtung niemals versagt hat. Von jener berserkerhaften Wuth, die namentlich der „Parsifal" in ihm erzeugte und deren cynischer Ausbruch in seinen beiden letzten Pamphleten gegen Wagner vorliegt, ist auch in seinem späteren polemischen Verhalten gegen Schopenhauer kaum etwas zu verspüren. Allerdings verwirft er die Mitleidsmoral, Schopenhauer's Verneinung des Willens zum Leben, als „Décadence-Instinct" und „Degenirten-Idiosynkrasie". Nach ihm hat Schopenhauer, indem er den Willen zum Weltprincip erhob, nur gemacht, „was Philosophen eben zu thun pflegen: daß er ein Volksvorurtheil übernommen und übertrieben hat," und zwar habe Schopenhauer seine Verallgemeinerungen in „impudenter Form" vorgenommen. Damit habe er „die größte psychologische Falschmünzerei, die es, das Christenthum abgerechnet, in der Geschichte gibt", begangen. Und so wuchere denn die „Morallüge" der Décadents „auf dem ganz morbiden Boden der Gesellschaft zu tropischer Begriffsvegetation empor, bald als Religion (Christenthum), bald als Philosophie (Schopenhauerei)."

Nicht ohne Humor ist die Auffassung Nietzsche's, den Meister Schopenhauer, der sich selbst mit der gleichen coquettirenden Selbstgefälligkeit als „Antichristen" aufzuspielen liebte wie Jener, gleichwohl als letzten Ausläufer und consequentesten Verfechter der christlichen Moral zu bezeichnen. Im Uebrigen bleibt ihm Schopenhauer nichtsdestoweniger „der letzte Deutsche, der in Betracht kommt — der ein europäisches Ereigniß gleich Göthe, gleich Hegel, gleich Heinrich Heine ist". Noch in seiner „Genealogie der Moral" ist ihm Schopenhauer „ein wirklicher Philosoph und auf sich gestellter Geist, ein Mann und Ritter mit erzenem Blick, der den Muth zu sich selber hat, der allein zu stehen weiß und nicht erst auf Vordermänner und höhere Winke wartet". Schopenhauer ist „der beredteste und, wenn man das Ohr dafür hat, hinreißendste und entzückendste Ausbruch der Philosophen-Gewißheit und -Rancüne gegen die Sinnlichkeit" („Zur Genealogie der Moral" S. 103—111).

Abgesehen von Schopenhauer befindet sich Nietzsche in einer philosophisch etwas gemischten Gesellschaft, so daß man auf ihn mit einer gewissen Biegung das triviale Wahrwort anwenden könnte: „Sage mir, mit wem Du philosophisch umgehst, und ich werde Dir sagen, wer Du philosophisch bist.“ Es mag noch hingehen, wenn er einmal sagt: „Meine Erhebung, meine Vorliebe, meine Kur von allem Platonismus war zu jeder Zeit Thukydides. Thukydides und, vielleicht, der principe Machiavell's sind mir vielleicht am meisten verwandt durch den unbedingten Willen, sich nichts vorzumachen und die Vernunft in der Realität zu sehen.“ Erinnert man sich daran, daß er auch das Wesen des antiken Cynismus darin sah, sich „nichts vorzumachen“ (z. B. „Genealogie der Moral“ S. 109), so wird man meine Bezeichnung seiner Denkweise als Neo-Cynismus kaum beanstanden dürfen. Und dies um so weniger, wenn man sich seine übrigen schriftstellerischen Ideale ansieht. Ihm ist der Abbé Galiani, „der tiefste, scharfsichtigste, vielleicht auch schmutzigste Mensch seines Jahrhunderts“, ein Genie. Stendhal (Henry Beyle), über den wir jetzt ein gutes Buch aus der Feder Edouard Rod's besitzen, ist ihm „der letzte große Psycholog“. Die Entdeckung Stendhal's rechnet er „zu den großen Glücksfällen seines Lebens“, und für ihn ist Henry Beyle „jener merkwürdige, vorwegnehmende und vorauslaufende Mensch, der mit einem Napoleonischen Tempo durch sein Europa, durch mehrere Jahrhunderte der europäischen Seele lief, als ein Ausspürer und Entdecker dieser Seele“, wobei nur bemerkt werden mag, daß Stendhal für den raffinirtesten Genußmenschen und frivolsten Cyniker seiner Zeit gegolten hat. Endlich muß hier noch Dostojewsky unter seinen schriftstellerischen Idealen aufgeführt werden, den er den einzigen Psychologen nennt, von dem er Etwas zu lernen hatte („Götzendämmerung" S. 120).

So sind nun die literarischen Musterbilder beschaffen, an die sich Nietzsche anlehnt. Es soll nichts gegen die Begabung dieser Männer gesagt werden. Machiavelli ist als Staatstheoretiker und Historiker eine Achtung gebietende Erscheinung. Der Abbé Galiani hat als Nationalökonom und geistvoller Kopf innerhalb der Encyklopädisten des vorigen Jahrhunderts seinen bestimmten, von E. du Bois-Reymond in seinem bekannten Vortrage „Darwin versus Galiani" gekennzeichneten Rang. Marie Henry Beyle (Stendhal) nimmt unter den französischen Schriftstellern der ersten Hälfte unseres Jahrhunderts als feinsinniger Musikhistoriker und Sittenschilderer, sowie namentlich als Romancier des gesellschaftlichen haut goût, der sich mit bezeichnender Vorliebe auf jener letzten Grenze des Schlüpfrigen bewegt, die nur noch durch eine dünne Scheidelinie von der Pornographie getrennt ist, eine bevorzugte, gerade in jüngster Zeit auch in Frankreich mit Nachdruck betonte Stellung ein. Fedor Dostojewsky endlich ist der vollendete Repräsentant jenes psychologischen Romans, der Schule zu machen und gerade in Frankreich augenblicklich einen großen Aufschwung zu nehmen beginnt, der sich ungeachtet aller scharf beobachteten psychologischen Einzelzüge und ästhetischen Feinheiten zur Psychologie als Wissenschaft etwa so verhält, wie der Held des Romans zu dem der Wirklichkeit.

Was nun Nietzsche an Dostojewsky besonders fesseln mochte, war eine gewisse geistige Stammesverwandtschaft. Nietzsche ist nämlich Abkömmling eines polnischen Adelsgeschlechts (Niezky), wurde auch im Auslande vielfach vermöge seines Gesichtsschnitts und seiner Haltung für einen Polen gehalten und spricht sogar einmal — nicht ohne Stolz — von sich als Polen. Und so mag denn der Slawe in Dostojewsky, der eben nicht nur seiner Geburt, sondern auch seiner Sinnesrichtung und seinem literarischen Charakter nach Slawe ist, für ihn eine besondere Anziehungskraft gehabt haben. Hat doch auch der literarische Charakter Nietzsche's weit mehr Slawisches an sich als Deutsches. Jener leise Hauch von Melancholie, der über allen seinen Schriften lagert, jenes träumerische, weltverlorene Sehnen, wie es uns aus jedem seiner Aphorismen entgegenseufzt, jene verzehrende Ungeduld, die den Gedanken in aphoristische Splitter zerhackt und sich in philosophischer Kleinmünze ausgibt, weil es ihr an Gedankenenergie und innerer Geschlossenheit zur Ausreifung und Ausgestaltung großer Ideen gebricht, jener brutale, despotische Zug Nietzsche's endlich, in welchem der wilde Instinct der noch ungezähmten menschlichen Urbestie mit elementarer Gewalt darin zum Durchbruch kommt, daß er das freie Einzelleben aller Menschen ausmerzen möchte, damit die wenigen Genies, die „Uebermenschen“, ihren Lüsten ungezügelt fröhnen können: das Alles ist ebenso undeutsch wie es kernslawisch ist. Nicht umsonst sagt er einmal: „Rußland ist die einzige Macht, die heute Dauer im Leibe hat, die warten kann, die Etwas noch versprechen kann — Rußland, der Gegensatzbegriff zu der erbärmlichen europäischen Kleinstaaterei und Nervosität, die mit der Gründung des Deutschen Reiches in einen kritischen Zustand eingetreten ist ....“ Und ein anderes Mal: „In Rußland ist die Kraft, zu wollen, seit Langem zurückgelegt und aufgespeichert, da wartet der Wille in bedrohlicher Weise darauf, ausgelöst zu werden“ („Götzendämmerung" S. 111, „Jenseits von Gut und Böse" S. 145).

Auf die politische Brutalität, die sich hinter diesen Worten verbirgt, näher einzugehen, ist nicht dieses Orts. Es sollte vielmehr nur angedeutet werden, wie mächtig der Slawe in Nietzsche nachwirkt. Echt slawisch ist eben auch dieses willkürliche Zurechtschnitzen von Autoritäten. Welcher deutsche Philosoph würde es wagen, Galiani, Henry Beyle und Dostojewsky als „größte Psychologen" zu behandeln und sie sogar als seine einzigen philosophischen Gewährsmänner zu bezeichnen? Es heißt nicht, den Kampf gegen die Autorität in der Wissenschaft aufnehmen, wenn man Weltgrößen wie Platon, Spinoza, Kant und Darwin entthront, um dann philosophische Strohpuppen wie Galiani, Beyle und Dostojewsky auf den leer gewordenen Thron zu heben! Denn mögen diese Männer in der Nationalökonomie oder schöngeistigen Literatur auch eine achtbare Stellung einnehmen, in der Philosophie sind und bleiben sie mittelmäßige Dilettanten!

Und wie das Vorbild, so natürlich auch die Copie. Nietzsche mag als Schriftsteller einen vornehmen Rang beanspruchen, meinethalben auch als Geschichtsphilosoph bezw. Sociologe Beachtung verdienen, als Philosoph in weiterem Sinne ist er Dilettant! Die Metaphysik verspottet er weidlich, wie es heute ja üblich ist, aber ohne auch nur den leisesten Grund gegen ihre Existenzberechtigung vorzubringen. Zudem steckt er in seinen Auslassungen über die Metaphysik voller Widersprüche. Auf der einen Seite ist in seinen Augen jeder Wille zum philosophischen System ein „Mangel an Rechtschaffenheit", auf der anderen proclamirt er selbst in zahllosen Variationen den „Willen zur

Macht" zum treibenden Agens in der Natur. Als ob es hinsichtlich der metaphysischen Systematik einen Unterschied machte, ob ich dieses treibende Agens Substanz, Idee, Gott, Kraft, Monade, Ich, Weltseele, Selbstentwicklung des absoluten Geistes, Evolution schlechthin, Materie, Willen zum Leben, Unbewußtes oder „Wille zur Macht" nenne. Das ist doch immer nur ein anderer Titel für jenes X, das hinter den Coulissen steht, dessen Wirkungen wir auf der Bühne, Welt genannt, beobachten. Versteift sich Nietzsche darauf, für das Weltprincip eine neue Formel, „den Willen zur Macht", gefunden zu haben, so treibt er so gut Metaphysik wie sein Meister Schopenhauer, der es freilich ebenso wenig Wort haben wollte, Metaphysiker im Sinne Hegel's zu heißen. Warum also diese Prüderie?

Gewiß, Nietzsche wollte seinen „Willen zur Macht" nicht so sehr zum Weltprincip als vielmehr nur zum Lebensprincip erheben. Das heißt aber darum nicht etwa keine Metaphysik treiben, sondern nur eine andere, engere, beschränktere, also gleichsam Metaphysik in Duodezausgabe. Und wie oft ruft uns Nietzsche sein beglücktes Heureka über die von ihm gefundene Lebensformel zu! Als ob wir um neue Formeln, um neue Namen für das große X verlegen wären! Diese naive metaphysische Entdeckerfreude über neue Benennungen des „Unbegreiflichen" erinnert mich immer an jenes Bäuerlein, das einem Astronomen einst die Bemerkung machte: „Daß Ihr bei den vorzüglichen Ferngläsern alle diese Gestirne entdeckt habt, wundert mich nicht; aber mich setzt es stets in Erstaunen, woher Ihr erfahren konntet, wie alle diese Gestirne heißen!" Wir sind aber weniger begierig, zu erfahren, wie das Lebensprincip heißt, als vielmehr nur, ob es überhaupt eines und nur Eines gibt, und worin dieses besteht.. Es ist also von Nietzsche zum Wenigsten nicht hübsch, alle großen Metaphysiker der Unredlichkeit zu zeihen und dabei in augenfälliger Weise die gleiche Unredlichkeit — und noch dazu etwas täppisch — zu begehen. Nicht hübsch ferner, alle Metaphysiker in Bausch und Bogen zu verurtheilen und dabei dem „Großmetaphysikus" Hegel wiederholt Loblieder zu singen.

Den gleichen Zug des Schwankenden, Widersprechenden und eben damit Dilettantischen weisen auch seine zerstreuten erkenntnißtheoretischen Ausführungen auf. An einzelnen Stellen scheint er sich einem excessiven Sensualismus, wie ihn seit den Sophisten und Cynikern in Griechenland, nur noch die Encyclopädisten in Frankreich und an deren Spitze Condillac, und in unserem Jahrhundert nur noch der Materialismus in Deutschland und an seiner Spitze H. Czolbe etwa vertreten hat, auf Sprungweite zu nähern. „Die Sinne," heißt es in der „Götzendämmerung" S. 19 f., „lügen weder in der Art, wie die Eleaten es glauben, noch wie Heraklit es glaubte, sie lügen überhaupt nicht. Was wir aus ihrem Zeugnisse machen, das legt erst die Lüge hinein, zum Beispiel die Lüge der Einheit, die Lüge der Dinglichkeit, der Substanz, der Dauer ...." [1]) So gibt er denn auch direct zu, daß „der Sensualismus mindestens als regulative Hypothese, um nicht zu sagen als heuristisches Princip" berechtigt sei. Er verwirft daher

---

[1]) Dieser sensualistische Gedanke, den Nietzsche so hübsch pointirt, findet sich seinem vollen Inhalte nach schon bei den Stoikern, vergl. des Verfassers „Psychologie der Stoa", Bd. II, S. 144 ff., ganz ähnlich bei Descartes und in Locke's Essay concerning human understanding" IV, 119, 3.

die uralte Scheidung der wirklichen Welt, der Phänomena, der Welt des schönen Scheins, von der wahren Welt, der Welt des Seins (Noumena), der Ideen, der Dinge an sich. Ihm ist vielmehr diese wirkliche Welt, die uns die Sinne zeigen, die einzig wahre, und „eine andere Art Realität sei absolut unnachweisbar". „Die scheinbare Welt ist die einzige; die wahre Welt ist nur hinzugelogen." Ja, er hält diese „neue Einsicht", die in Wirklichkeit ungefähr so „neu" wie „einsichtig" ist, für bedeutsam genug, sie „in Thesen zusammenzudrängen". Als ob der alte Protogoras diesen Nietzsche-Sensualismus nicht schon viel treffender und knapper in seiner bekannnten Formel vorausgenommen hätte! Statt wie Nietzsche bloß die ästhetisch-sensualistische Formel „Nichts ist schön, nur der Mensch ist schön", aufzustellen, hatte der alte Sophist diesem Gedanken schon die erweiterte, aber trotzdem lapidare Fassung gegeben, „der Mensch ist das Maß aller Dinge", womit er den Menschen zum einzigen Maßstab der Erkenntnißwerthe sowohl, als auch der moralischen und ästhetischen Werthe erhob.

Wäre er doch wenigstens dem Sensualismus treu geblieben! Das ist doch ein, wenn auch einseitiger und längst widerlegter, so doch immerhin consequenter erkenntnißtheoretischer Standpunkt. Aber Nietzsche oscillirt in seiner hastigen, ruhelosen Weise zwischen den verschiedenen erkenntnißtheoretischen Standpunkten. Derselbe Mann, der mit beleidigender Pietätlosigkeit die Kühnheit — um nicht Schärferes zu sagen — besitzt, einen Kant vornehmlich wegen seiner Scheidurg der Welt in Ding-an-sich und Erscheinung schulmeisterlich zu rüffeln, ja als „den verwachsensten Begriffskrüppel, den es je gegeben hat," hinzustellen, findet ein anderes Mal den Muth zu folgender Auslassung:

„Im An-sich gibt es nichts von Causal-Verbänden, von Nothwendigkeit, von psychologischer Unfreiheit, da folgt nicht die Wirkung auf die Ursache, da regiert kein Gesetz. Wir sind es, die allein die Ursachen, das Nacheinander, das Füreinander, die Relativität, den Zwang, die Zahl, das Gesetz, die Freiheit, den Grund, den Zweck erdichtet haben." Das ist Alles ebenso schön, wie richtig gesagt. Schade nur, daß der „Gedankenkrüppel" Kant das Alles, wenn auch nicht so schön, so doch ebenso richtig, ja viel tiefer gesagt hat. Seit wann gibt es denn für Nietzsche ein „An-sich" der „Dinge". Woher schöpft er das Recht zu der Behauptung, daß es im „An-sich" nichts von „Causalverbänden" gäbe? Oder daß wir unsere „Zeichenwelt als An-sich in die Dinge hineindichten"? Für Nietzsche ist ja der Unterschied von Ding-an-sich und Erscheinung gar nicht vorhanden, da ihm die Erscheinung das einzig Wirkliche und Wahre, das „Ding" hingegen eine leere, willkürliche Fiction, das horrendum pudendum der Philosophie ist. Wenn es keine „Dinge-An-sich" gibt, was für einen Sinn hat es da, zu behaupten, daß in ihnen keine Causalität herrscht. Von Etwas, das gar nicht existirt, zu behaupten, daß in ihm keine „Nothwendigkeit" herrsche, ist entweder eine greifbare Tautologie oder eine complete Gedankenlosigkeit.

Das eben ist der Fluch des Aphorismus! Es entspringt nicht reifen Erwägungen und systematischen Ueberlegungen, sondern augenblicklichen philosophischen Stimmungen. Und so sehr diese dem Wechsel unterworfen sind, so auch die aus solchen Stimmungen heraus geborenen und sprachlich ausgenützten Aphorismen. Daher das Widerspruchsvolle, das ihnen vielfach anhaftet.

Dieser Charakter des Widerspruchsvollen kennzeichnet fast alle seine erkenntnißtheoretischen Auslassungen. Zwar findet er („Jenseits von Gut und Böse" S. 136) bittere Worte gegen alle Erkenntnißtheorie; aber er besitzt doch Einsicht genug, da er sich einmal zum Sensualismus bekennt, die sich aus diesem mit unabweislicher Nothwendigkeit ergebende nominalistische Lehre, wonach die allgemeinen Begriffe willkürliche Zusammenfassungen des Menschengeistes sind und daher jeder inneren Realität entbehren, mit der ihm eigenen Emphase zu verkünden. Er spottet darüber, daß man „das Letzte, Dünnste, Leerste als Erstes setzt, als Ursache an sich, ens realissimum", ihm sind vielmehr die höchsten, allgemeinsten Begriffe zugleich die leersten, „der letzte Rauch der verdunstenden Realität". Was ist nun aber „der Wille zur Macht" anderes als ein oberster, allgemeinster Begriff? Warum sollen solche höchste Begriffe, wie „das Seiende, das Unbedingte, das Gute, das Wahre, das Vollkommene" dünn und leer sein, während der „Wille zur Macht", der um kein Haar weniger oberste Abstraction ist, als die eben genannten Begriffe zur Würde eines ens realissimum zugelassen wird? Das heißt denn doch zur philosophischen Devise die egoistische Formel machen: „ôte-toi, que je m'y mette!"

Vielfach treibt Nietzsche mit den philosophischen Persönlichkeiten und Schulen ein unwürdiges Spiel. Einmal widmet er dem Andenken Voltaire's z. B. ein Buch, dann zerrt er ihn wiederholt herab. Einmal findet er nicht genug lobende Worte für die französische Cultur des vorigen Jahrhunderts, ein anderes Mal macht er sich über die freigeisterischen Encyklopädisten, welche jene Cultur typisch in sich verkörpern, lustig. Einmal gibt er sich selbst für einen

Sensualisten aus, ein anderes Mal zählt er den mit dem Sensualismus verbündeten Materialismus „zu den best-widerlegten Dingen, die es gibt". Einmal erklärt er den modernen Positivismus, der, auf alle Metaphysik verzichtend, sich mit der thatsächlich gegebenen Welt begnügt, — in Frankreich war Auguste Comte der Begründer dieser Richtung, in England wird sie, mit einer gewissen Biegung, von J. Stuart Mill und Herbert Spencer, in Deutschland von Ludwig Feuerbach, Ernst Laas und Aloys Riehl, wenn auch mit wesentlichen Modificationen, vertreten — als „Grauen Morgen", „Erstes Gähnen der Vernunft"; spricht von einem „Hahnenschrei des Positivismus" und deutet klar genug an, daß er selbst in den Positivisten seine Vorläufer sieht; ein anderes Mal hechelt er „jene Mischmasch-Philosophen, die sich Wirklichkeits-Philosophen oder Positivisten" nennen, weidlich durch. Einmal identificirt er seine philosophischen Ueberzeugungen mit der namentlich von Taine ausgebauten Lehre vom Milieu, indem er sich zu der Behauptung versteigt: „Man ist nothwendig, man ist ein Stück Verhängniß, man gehört zum Ganzen, man ist im Ganzen"; ein anderes Mal, und zwar im gleichen Buch, nennt er die Theorie vom Milieu, deren Ausgestalter Taine in seinen Augen übrigens der erste Historiker ist, „eine wahre Neurotiker-Theorie, die sakrosankt und beinahe wissenschaftlich geworden ist". Kurzum, wohin man greift, überall Widerspruch, Unsicherheit, ruheloses Umhertasten.

Auch scheinen seine Kenntnisse des historischen Zusammenhangs großer philosophischer Probleme entweder recht dürftige zu sein, oder er versteht es ungemein geschickt, sie zu verbergen. Nicht selten wirft Nietzsche mit bedeutenden Gedanken um sich, die beim Laien den Eindruck hervorrufen müssen, als seien sie erst soeben als neugeschmiedete Offenbarungen aus seiner Gedankenwerkstätte hervorgegangen, während der Kenner — und man braucht dazu noch nicht einmal intimer Kenner zu sein — sogleich den Ursprungsort jener Gedanken herauswittert und bald zur Ueberzeugung gelangt, daß Nietzsche altbekannten und geschätzten Wein nur in neue, allerdings elegante Schläuche gegossen hat. So verbreitet er sich des Längeren („Götzendämmerung" S. 40—47) über falsche und imaginäre Ursächlichkeit und enthüllt dabei als angeblich neu folgende Offenbarung: „Die Erinnerung, die in solchem Falle ohne unser Wissen in Thätigkeit tritt, führt frühere Zustände gleicher Art und die damit verwachsenen Causal-Interpretationen herauf — nicht deren Ursächlichkeit. Der Glaube freilich, daß die Vorstellungen, die begleitenden Bewußtseins-Vorgänge die Ursachen gewesen seien, wird durch die Erinnerung auch mit heraufgebracht. So entsteht eine Gewöhnung an eine bestimmte Ursachen-Interpretation, die in Wahrheit eine Erforschung der Ursache hemmt und selbst ausschließt."

Die Zurückführung des Causalbegriffs auf bloße Gewöhnung ist durchaus discutabel; nur hätte Nietzsche nicht verschweigen dürfen, daß dieser Gedanke im ersten Abschnitt der V. Abtheilung von David Hume's „Untersuchung in Betreff des menschlichen Verstandes" mit einer Schärfe und Klarheit entwickelt ist, die nicht leicht, auch von Nietzsche nicht, überboten werden können. Wenn Hume dort schon zu dem Ergebniß gelangt: „Die Gewohnheit ist daher der große Führer im Leben. Dieses Princip allein macht unsere Erfahrung nützlich und läßt uns in der Zukunft immer den gleichen Lauf der Ereignisse erwarten, wie in der Vergangenheit geschehen", so hätte Nietzsche, schon aus literarischem Anstand, durch ein Wörtchen andeuten müssen, daß er sich in seiner Fassung und Interpretirung des Causalproblems im Wesentlichen dem großen Skeptiker Hume anschließe.

Mit selbstbewußter und strahlender Entdeckermine angeblich neugefundene Wahrheiten in die Welt hineinzuposaunen, die sich dem Kenner sofort als längst von Anderen verkündete und des Oefteren widerlegte präsentiren, das pflegt sonst das auszeichnende Merkmal höheren Dilettantenthums zu sein. Und in der That kann man Nietzsche den Vorwurf nicht ersparen, daß er es in metaphysischen und erkenntnißtheoretischen Fragen über ein höheres Dilettantenthum nicht hinausgebracht hat.

Als meisterlicher, souveräner Beherrscher des Stoffes zeigt er sich nur in der Behandlung ethischer, bezw. sociologischer Probleme. Verläßt er aber den Boden, auf welchem er sich sicher und heimisch fühlt, für einige Augenblicke, um Streifzüge in benachbarte philosophische Gebiete zu unternehmen, da verliert seine sonst so schußgeübte Hand ihre Zielsicherheit, und es bleibt ihm versagt, ins Schwarze zu treffen. Seine metaphysischen und erkenntnißtheoretischen Ausführungen erweisen sich bei näherem kritischen Zusehen sammt und sonders als philosophische Fehlschüsse, wenigstens ist mir aus diesen Gebieten kein einziger Gedanke Nietzsche's aufgefallen, den man der Philosophie dauernd einverleiben müßte und um welchen er die betreffenden Gebiete ernstlich bereichert hätte. Es sei denn, daß man einzelne überraschende Geistesblitze, die meteorartig aufleuchten, um sofort zu verblassen, sobald man sie mit den Augen des Kritikers betrachtet, oder glücklich zugespitzte Wendungen, wie beispielsweise: „Die Philosophie ist geistiger Wille zur Macht" als ernste philosophische Leistungen gelten lassen wollte.

Die Untersuchung über die gesammte Weltauffassung Nietzsche's nöthigt uns zu dem harten Urtheil, daß von einer Weltanschauung bei ihm im Ernste gar nicht gesprochen werden kann. Der Anlauf, den er wiederholt zu dem bereits von den Cynikern verkündeten Sensualismus und Nominalismus genommen hat, ist dem Inhalte nach so wenig originell, daß Nietzsche sich vermöge der unereicht glücklichen sprachlichen Prägung, in die er diese alten Gedanken gegossen, zwar eine bevorzugte Stellung in der Geschichte der schöngeistigen Literatur errungen, hingegen nicht den geringsten Anspruch auf ein auch nur bescheidenes Plätzchen in der Geschichte der Philosophie erworben hat. Die Geschichte der Philosophie, die alles greifbar Dilettantische mit Recht ignorirt, wird sich nur mit dem Geschichtsphilosophen und Sociologen Nietzsche zu befassen haben; denn nur auf diesen Gebieten liegt seine Stärke. Hier aber wird er eine Macht gewinnen, die als unheilvoll, weil culturfeindlich zwar bekämpft, aber nie wieder ignorirt werden wird.

IV.

Kritik des negativen Theiles der Sociologie und Ethik Nietzsche's.

Die Probleme der Cultur und Moral, denen Nietzsche mit bohrendem Scharfsinn und concentrirter Spürkraft nachgegangen ist, verfließen in seiner Auffassung und Darstellung so sehr ineinander, daß auch hier eine gesonderte Behandlung dieser beiden Probleme nicht rathsam erscheint. Moral ist ihm das Mittel, Cultur der Zweck. Zweck und Mittel sind in diesem Zusammenhang untrennbar. Stellt es sich nämlich heraus, daß Etwas, was bisher als Zweck oder gar als Endzweck gegolten, verfehlt war, so müssen folgerichtig auch die Mittel, durch welche jener Zweck erstrebt worden ist, verfehlte sein, und dies um so mehr, je rascher und sicherer sie die Erreichung des betreffenden Zweckes herbeizuführen geeignet waren.

Nach Nietzsche nun ist der Sinn aller bisherigen Cultur, aus dem Raubthier-Menschen ein zahmes und civilisirtes Thier, ein Hausthier, zu züchten. An die Stelle der wilden Urinstincte des Raubmenschen soll vermittelst der Cultur und ihrer Werkzeuge (der Reactions- und Ressentimentsinstincte, wie sie Nietzsche verdunkelnd nennt), der gezähmte, gesänftigte, gesittigte Mensch treten. Das vornehmlichste Werkzeug dieser Domesticirung des Menschen, jenes unfehlbare Mittel, welches allgemach den vieltausendjährigen Umwandlungsproceß des ursprünglichen Raubmenschen in einen modernen Culturmenschen vollzieht, ist die Moral in jenem weitesten Verstande, in welchem sie Religion, Wissenschaft und Kunst als ihre Theilelemente in sich befaßt.

Ist nun dieses Culturideal, das bisher allen normalen Menschen als höchste erreichbare Stufe der Entwicklung vorgeschwebt hat, ein hohes und erstrebenswerthes, so sind naturgemäß auch die Mittel, durch welche wir uns im Laufe der Geschichte demselben mälig zu nähern suchen — nämlich die Moral mit Einschluß von Religion, Kunst und Wissenschaft —, die geeigneten und einzig zulässigen, da sie uns ja, wie schon ein flüchtiger Blick auf die civilisirten Staaten im Gegensatz zu den Naturvölkern lehrt, der Cultur als dem Zweck des Daseins um ein Erkleckliches näher gebracht haben. Ist nun aber dieses Culturideal an sich ein erstrebenswerthes? Gehen wir nicht vielmehr seit Jahrtausenden in die Irre? Ist gar vielleicht das, was wir Zähmung nennen, Widernatur; was wir Sänftigung heißen, Verweichlichung; was wir als Sittigung ehrfürchten, Entartung und Verfall? Ist denn nicht durch die Einwirkung der eben genannten Culturwerkzeuge die „blonde Bestie", der kraftstrotzende Recke des Urwaldes, allmälig zu jenem zitterigen, schlotterigen Culturknirps physiologisch heruntergebracht worden, der als Typus des modernen Lebemannes unsere Salons füllt und unsere — Bäder bevölkert? „Diese Werkzeuge der Cultur", ruft Nietzsche einmal zornglühend aus, „sind eine Schande der Menschen und eher ein Verdacht, ein Gegenargument gegen Cultur überhaupt!"

Damit sind wir gleich bis zum Herzpunkt der Nietzsche'schen Sociologie vorgerückt. Hier stecken eben die Probleme von Cultur und Moral, die bei ihm unlöslich mit einander verknüpft sind. Das bisherige Culturideal, das auf ein gewaltsames Niederringen aller wilden Urinstincte gestellt war, hat sich als ein falsches erwiesen, weil es die ganze civilisirte Menschheit physiologisch degenerirt hat. Der „zahme Mensch", der Heillos-Mittelmäßige und Unerquickliche, fühlt sich bereits als Ziel und Spitze, als Sinn der Geschichte, als „höheren Menschen", während er nach Nietzsche doch nur abwärts gegangen ist ins „Dünnere, Gutmüthigere, Klügere, Behaglichere, Mittelmäßigere, Gleichgültigere, Chinesischere, Christlichere . . ." Und weil diese Entartung erst vermittelst der europäischen, jüdisch-christlichen Moral herbeigeführt worden ist, deshalb muß mit dieser durchgreifend aufgeräumt werden; ja er nennt sich geradezu einen „Immoralisten und Antichristen". Hat sich eben der Zweck aller Cultur, die Domesticirung der menschlichen Urbestie, als ein verfehlter erwiesen, dann muß auch ihr Mittel, die bisherige Moral, grundmäßig beseitigt werden; fällt der Mantel, so folgt eben der Herzog nach.

Läßt sich somit bei der Darstellung der in ihrem Wurf imponirend kühnen, aber in ihrer Einzelausführung mitunter heillos krausen Nietzsche'schen Gedankengänge eine scharfe, reinliche Scheidung der Probleme von Cultur und Moral nur schwer vollziehen, so lassen sich doch aus der chaotisch verwirrenden Fülle seiner geschichtsphilosophischen und sociologischen Aphorismen zwei Gesichtspunkte herausheben, unter welche man die ungeordneten, regellosen, jeder Systematisirung widerstrebenden Gedankenmassen leidlich unterbringen kann. Der erste dieser Gesichtspunkte ist der historisch-kritische, der zweite der positiv-aufbauende.

Findet Jemand den Muth zu dem tollkühnen Unterfangen, sich dem seit Jahrtausenden geregelten Lauf der Cultur trotzig entgegen zu stemmen und ihr neue, von den bisherigen nicht bloß abweichende, sondern ihnen geradezu entgegengesetzte Wege weisen zu wollen, so muß man, will man ihn anders ernst nehmen, von ihm einmal den Nachweis verlangen, daß und warum der bisherige Lauf der Cultur ein verfehlter war, andererseits gebieterisch fordern, daß er die Bahn genau und scharf bezeichne, in welche er die Cultur lenken möchte. Gelingt es ihm aber nicht, den überzeugenden, zwingenden Beweis zu erbringen, daß auf der einen Seite der bisherige Culturzustand ein unhaltbarer und auf der anderen der von ihm vorgeschlagene künftige ein durchführbarer ist, dann mag er sich nicht wundern, wenn er bei ernsten Denkern — und nur um diese handelt es sich hier — keine andere Wirkung erzielt, als Zeichen des Unwillens über die mit solchen Phantasmagorien vertrödelte Zeit zu erregen, oder im günstigen Falle ein malitiöses, ironisches Lächeln über die geistreiche utopistische Spielerei hervorzurufen.

Nietzsche aber will ernst genommen werden. Und so nimmt er denn in seinen historisch-kritischen Bemerkungen wenigstens einen Anlauf, die logische Unhaltbarkeit des bisherigen Culturverlaufs aufzudecken, die Cultur also logisch ad absurdum zu führen, um sodann in einigen positiv-aufbauenden Bemerkungen sein neues Culturideal in flüchtigen Umrissen hinzuwerfen. Wären ihm diese beiden Beweisführungen gelungen: der negative, daß die heutige Cultur ein logischer Nonsens und eben darum unhaltbar sei, und der positive, daß das von ihm seherhaft erträumte künftige Culturideal durchführbar sei, dann hätten wir als Vernunftwesen, für deren Handlungen immer nur Gründe entscheidend sind, die von Nietzsche angedeuteten Consequenzen unweigerlich zu ziehen. Diese vermeintlichen Beweisführungen werden sich indeß bei schärferem kritischen

Zusehen theils als willkürliche, weil nicht auf exacte Beobachtung gestützte, sondern am Studirtisch aus freier Phantasie zusammengeklügelte Vermuthungen, anderentheils — bei seinen positiven Vorschlägen zumal — in unverkennbarer Weise als ungesunde Ausgeburten mystischer Verzückung, gleichsam als sociologische fata morgana, entpuppen.

Die Entstehung der Cultur, jenes modernste philosophische Problem, an welchem heute Ethnologen, Archäologen, Anthropologen, Paläontologen, Sprachforscher und Culturhistoriker in edlem Wettbewerb ebenso herumräthseln, wie man ehedem über den Ursprung der Sprache geforscht, hat für Nietzsche nichts Abschreckendes. Er löst es mit spielender Leichtigkeit. „. . . Sagen wir es ohne Schonung, wie bisher jede höhere Cultur auf Erden angefangen hat. Menschen mit einer noch natürlichen Natur, Barbaren in jenem furchtbaren Verstande des Wortes, Raubmenschen, noch im Besitz ungebrochener Willenskräfte und Machtbegierden, warfen sich auf schwächlichere, gesittetere, friedlichere ꝛc. Rassen, oder auf alte, mürbe Culturvölker, in denen eben die letzte Lebenskraft in glänzenden Feuerwerken von Geist und Verderbniß verflackerte. Die vornehmste Kaste war im Anfang die Barbarenkaste.“ . . . . „Auf dem Grunde der vornehmen Rassen ist das Raubthier, die prachtvolle, nach Beute und Sieg lüstern schweifende blonde Bestie, nicht zu verkennen; es bedarf für diesen verborgenen Grund von Zeit zu Zeit der Entladung, das Thier muß wieder heraus, muß wieder in die Wildniß zurück: — römischer, arabischer, germanischer, japanischer Adel, homerische Helden, skandinavische Wikinger“ . . . .

Diese vornehme Rasse, bei welcher der Wille zur Macht

sich in elementarer Weise äußert, ist ursprünglich gesetzgebend und werthbestimmend. Das Werthurtheil „gut" rührt nach Nietzsche nicht von Denen her, welchen Güte erwiesen worden ist, wie dies die englischen Psychologen angenommen haben. „Vielmehr sind es die „Guten" selber gewesen, das heißt die Vornehmen, Mächtigen, Höhergestellten und Hochgesinnten, welche sich selbst und ihr Thun als gut, nämlich als ersten Ranges empfanden und ansetzten, im Gegensatz zu allem Niedrigen, Niedrig-Gesinnten, Gemeinen, Pöbelhaften. Aus diesem Pathos der Distanz heraus haben sie sich das Recht, Werthe zu schaffen, Namen der Werthe auszuprägen, erst genommen.... Das dauernde und dominirende Gesammt- und Grundgefühl einer höheren herrschenden Art im Verhältniß zu einer niederen Art, zu einem „Unten" — das ist der Ursprung des Gegensatzes „gut" und „schlecht" („Zur Genealogie der Moral" S. 4).

Diese Grundgedanken Nietzsche's über den Ursprung von Cultur und Moral, die er mit ermüdender Häufigkeit variirt, mußten hier wörtlich wiedergegeben werden, sollten sie von ihrer belustigenden sociologischen Naivität nichts einbüßen. Während die Sociologie im Verband mit einer stattlichen Reihe von Specialwissenschaften sich heute abmüht, aus den Entdeckungen der Geologen und den Funden aus prähistorischer Zeit das Alphabet der vorgeschichtlichen Cultur zu entziffern; während Männer wie Morgan, Mc. Lennan, Maine, Lubbock, Spencer, Bachofen, Post, Bastian, Laveleye, Letourneau u. A. mit bewunderungswerthem Bienenfleiß das vergleichende Material herbeitragen, um aus den verwitterten Schriftzügen der Urzeit herauszubuchstabiren, wie sich die Uranfänge von Familie, Gesellschaft, Staat, Eigenthum, Recht, Sitte, Moral u. s. w. herausgestaltet haben, schlüpft Nietzsche mit einem genialen Federzug über alle Schwierigkeiten durch die Erklärung hinweg: die Cultur entstand, indem sich stärkere Rassen auf schwächere stürzten, sie unterjochten und ihnen ihre eigenen Raubthiereigenschaften als moralisch gut suggerirten. Das ist freilich das sociologische Ei des Columbus.

So leichten Kaufs sind indeß am Ende des neunzehnten Jahrhunderts wissenschaftliche Erklärung nicht zu haben. Nietzsche's Methode paßte vortrefflich in die von ihm so hochgepriesene Renaissancezeit, wo man aus einem Grundprincip, einen „Archeus", das willkürlich gesetzt war, alle Erscheinungen des Daseins spielend ableitete. Im günstigen Falle kann Nietzsche's speculative Methode der Sociologie, die darin besteht, an der Hand eines vorausgesetzten, aber logisch nicht bewiesenen Princips die Erscheinungen der Cultur zu begreifen, mit Herder's geschichtsphilosophischer Methode in eine Linie gestellt werden. Heißt jenes Princip bei Herder „Entwicklung", so heißt das von Nietzsche aus einem Gemisch von Schopenhauer und Darwin zusammengebraute: „Wille zur Macht". So sehr sich daher Nietzsche auch „empirisch", „exact", „naturwissenschaftlich" gebärden, so überreichlich er die Lauge seines Spottes über die Metaphysiker ausgießen mag, er ist und bleibt seiner Methode nach auch in der Sociologie und Ethik ein Metaphysiker, so gut wie Herder. Die schweren Vorwürfe, die Herder und Nietzsche gegen Kant erhoben haben, können von Seiten der heutigen Sociologie mit noch höherer Berechtigung gegen sie selbst gerichtet werden.

Diese speculative, dogmatische Methode der Sociologie, welche das empirische Material, das ihr von Seiten der Paläontologie und vergleichenden Ethnographie, ferner von der vergleichenden Rechts-, Sagen- und Sprachforschung so überquellend reich zufließt, vornehmthuerisch ignorirt, die vielmehr ihr Erklärungsprincip von Vornherein in sich trägt und dasselbe in gezwungener Dialektik auf die Einzelerscheinungen anwendet, diese Methode wird heute zum Glück von allen ernsten Forschern zum alten Eisen geworfen. Und nur aus jener gewollten aristokratischen Isolirtheit, vermittelst welcher Nietzsche sich in ein eigenes Gedankennetz eingesponnen hat, ohne Fühlung zu gewinnen oder auch nur Notiz zu nehmen von der mächtig emporstrebenden jungen Wissenschaft, der modernen Sociologie, nur daraus ist es zu erklären, daß Nietzsche's Ideen über die Entstehung von Cultur und Moral entsprechend dem heutigen Stande der Sociologie so zurückgeblieben und abgestanden, so naiv anachronistisch klingen.

Freilich klingen diese Ideen anachronistisch nur für den, der erstens den heutigen ernsten wissenschaftlichen Bestrebungen der Paläontologen, die Uranfänge von Cultur und Moral auf vergleichend-geschichtlicher Grundlage zu ermitteln, mit vertieftem Interesse nachgegangen ist, der aber zweitens auch die tastenden Versuche früherer Epochen, diesen Problemen auf die Spur zu kommen, im Geiste zu überschauen in der Lage ist. Der unbefangene, mit keinem allzu großen sociologischen und philosophie-geschichtlichen Ballast beschwerte Leser der Nietzsche'schen Schriften hingegen wird sich gar leicht von der überraschenden Einfachheit dieser Nietzsche'schen Lösung blenden lassen. Es ist ja so einleuchtend, daß der Stärkere den Schwächeren unterdrückt und diesem seine (des Stärkeren) Eigenschaften als verehrungswürdig vorgeschrieben hat, und darum ist nicht abzusehen, weshalb der Anfang der Cultur sich nicht in

Wirklichkeit so abgespielt haben sollte, wie ihn die Phantasie Nietzsche's ausmalt. Allein die in ihren Anforderungen etwas strengere Wissenschaft rechnet nicht mit einleuchtenden Wahrscheinlichkeiten, sondern nur mit vollgültigen Beweisen. Hätte Nietzsche für seine These aus der Urgeschichte, der vergleichenden Völkerkunde, der vergleichenden Rechts-, Sagen- und Sprachgeschichte Beweise beigebracht[1]), so würde die Wissenschaft seine Lösung als eine verhältnißmäßig einfache und einleuchtende freudig gutheißen.

Allein Nietzsche's Beweise beschränken sich, unter Verzicht auf alle angedeuteten sociologischen Hülfswissenschaften, lediglich auf die — Etymologie, so unglaublich dies auch klingt. Es mag hier eine kleine Blumenlese von etymologischen Spielereien Nietzsche's, die mir jede weitere Kritik erspart, ihre Stelle finden. „Den Fingerzeig zum rechten Wege gab mir die Frage, was eigentlich die von den verschiedenen Sprachen ausgeprägten Bezeichnungen des „Guten" in etymologischer Hinsicht zu bedeuten haben: da fand ich, daß sie allesammt auf die gleiche Begriffsverwandlung zurückleiten, — daß überall „vornehm", „edel" im ständischen Sinne der Grundbegriff ist, aus dem sich „gut" im Sinne von „seelisch-vornehm", „edel" von „seelisch-hochgeadelt", „seelisch-privilegirt" mit Nothwendigkeit herausentwickelt. . . . Das beredteste Beispiel ist das deutsche Wort „schlecht" selber: als welches mit „schlicht" identisch ist — vergleiche „schlechtweg", „schlechterdings" — und ursprünglich den

---

1) Wie dies zum Beispiel Ludwig Gumplowicz versucht hat, der, ohne Nietzsche zu kennen, in diesem sociologischen Hauptgedanken mit ihm zusammentrifft; vergl. dessen sociologische Hauptschriften: „Der Rassenkampf", 1883, „Grundriß der Sociologie", 1885, „Sociologie und Politik", 1892.

schlichten, gemeinen Mann noch ohne einen verdächtigenden Seitenblick, einfach im Gegensatz zum vornehmen, bezeichnete" („Zur Genealogie der Moral" S. 6). Und welche etymologischen Gewaltacte verübt der Philologe Nietzsche erst, um nachzuweisen, daß die Eroberer- und Herrenrasse ursprünglich mit dem Begriff des „Guten" zusammenfiel! Hier nur ein Beispiel: „Das lateinische bonus glaube ich als „der Krieger" auslegen zu dürfen. . . . Bonus somit als Mann des Zwistes, der Entzweiung (duo), als Kriegsmann: man sieht, was im alten Rom an einem Manne seine „Güte" ausmachte. Unser deutsches „gut" selbst: sollte es nicht „den Göttlichen", den Mann „göttlichen Geschlechts" bedeutend?" (ebenda S. 9[1]).

Diese etymologischen „Beweise", die in ihrer verzweifelten Künstlichkeit stellenweise schon bedenklich an die berühmte ἀλώπηξ-Fuchs-Ableitung anklingen, nach Gebühr zu geißeln, dazu fehlt mir die häufig genug in Galle getauchte Feder eines — Friedrich Nietzsche.

Erweist sich somit die sociologische Grundvoraussetzung Nietzsche's als willkürliche, weder durch empirisches Material noch durch zwingende logische Deduction unterstützte Hypothese, so verliert sich Nietzsche in seiner geschichts-philosophischen Ableitung unserer heutigen Cultur aus der antiken vollends ins Abenteuerliche und Romanhafte. Seine Geschichtsphilosophie wird sich uns bei näherem Zusehen als ein genial concipirter, mit virtuoser stilistischer Feinheit durchgeführter und namentlich in ihren prophetischen Ausblicken

---

[1]) Etymologien ähnlicher Art zählen bei Nietzsche nach Dutzenden. Liebhaber solcher Spielereien verweise ich auf die Genealogie der Moral S. 8, 18, 58, 59 ff. Die etymologische Forschung ist von ihm zur Theorie erhoben, ebenda S. 37.

von dichterischer Kraft zeugender sociologischer Roman darstellen. Verfolgen wir nun die einzelnen Phasen dieses geschichts-philosophischen Romans.

Der Herren-Moral, d. h. den Eigenschaften der in ihrem Kraftüberschuß schwelgenden, die schwächeren Horden bezwingenden Recken der Urzeit, stand von jeher die Sklaven-Moral gegenüber, d. h. die schwächlichen Eigenschaften Derer, die nicht Muth und Kraft genug besaßen, dem Ansturm jener Helden zu widerstehen. So lange diese Herren-Moral die Oberhand hatte, herrschte das goldene Zeitalter. Diese Moral kennt keine die Leidenschaften dämmenden Gebote, keine die natürlichen Triebe einengenden Vorschriften, sondern nur ungezügelte, durch keinerlei Convenienz gezähmte Natur-Instincte: „Die Instincte bekämpfen müssen, das ist die Formel für Decadenze; so lange das Leben aufsteigt, ist Glück gleich Instinct," heißt es in der „Götzendämmerung" S. 17. Verschwenderisch ohne Maß, wie die Natur nach Nietzsche nun einmal ist, hat sie jene Helden mit einer überschäumenden Fülle von Lustempfänglichkeit ausgestattet, die erst das Leben lebenswerth machte. Das war der Höhepunkt aller bisherigen Cultur und der oberste Sinn aller Geschichte, deren Psychologie ja nur als „Morphologie und Entwicklungslehre des Willens zur Macht zu fassen ist" („Jenseits von Gut und Böse" S. 28). Man müsse eben unser gesammtes Triebleben erklären, als die Ausgestaltung und Verzweigung einer Grundform des Willens — „nämlich des Willens zur Macht, wie es mein Satz ist" (ebenda S. 49).

Unter der Herrschaft jener Herren-Moral aber hatte der Wille zur Macht — nach Nietzsche die Weltformel (Substanz) — seine vollendetste Ausprägung gefunden.

Denn bei jener ritterlich-aristokratischen Herrenkaste war Leben noch gleichbedeutend mit Macht. Wie er sich das Leben und Treiben dieser Kaste ausmalt, schildert er einmal folgendermaßen: „Die ritterlich-aristokratischen Werthurtheile haben zu ihrer Voraussetzung eine mächtige Leiblichkeit, eine blühende, reiche, selbst überschäumende Gesundheit, sammt dem, was deren Erhaltung bedingt, Krieg, Abenteuer, Jagd, Tanz, Kampfspiele und Alles überhaupt, was starkes, freies, frohgemuthes Handeln in sich schließt" („Gen. d. Moral" S. 12). Man sieht, Nietzsche treibt einen förmlichen Cultus der Leiblichkeit. Die Lehre, die seine Schilderung der aurea prima in sich schließt, ist nicht bloß concentrirter Epikureismus, sondern carrikirter Hedonismus. Epikur selbst hatte die geistigen Freuden weit über die körperlichen gestellt; Aristipp, der Begründer des Hedonismus, hat sie wenigstens noch neben den physischen gelten lassen; Nietzsche erst findet den Muth zu dem brutalen Radicalismus, die geistigen Freuden, den Geist überhaupt, für ein Verfallssymptom und eine Entartungsform der Menschheit zu erklären. Sein Fanatismus der Leiblichkeit, der einer überhitzten oder vielleicht gar perversen Sinnlichkeit entsprungen sein mag, verführt ihn zu dem abstrusen, ungeheuerlichen Gedanken, in der Entwicklung der Geistescultur eine Degenerirung der Menschheit zu erblicken. „Die Gattungen," sagt er einmal, „wachsen nicht in der Vollkommenheit: die Schwachen werden immer wieder über die Starken Herr —, das macht, sie sind die große Zahl, sie sind auch klüger ... Darwin hat den Geist vergessen, die Schwachen haben mehr Geist ... Man muß Geist nöthig haben, um Geist zu bekommen. — Man verliert ihn, wenn man ihn nicht mehr nöthig hat. Wer die Stärke hat, entschlägt sich des Geistes ...."

Das Unglück der Menschheit besteht demnach im allmäligen Siege des Geistes über die „blühende Leiblichkeit". Der Geist, der ein Kennzeichen der Schwächeren, der Sklaven, ist, hat den Sündenfall der Menschheit herbeigeführt. Man muß die Logik dieses Radicalismus in ihrer ganzen Consequenz zu Ende denken, um die Ungeheuerlichkeit dieses Gedankenganges nach Gebühr würdigen zu können. Also der Starke entschlägt sich des Geistes. Stark im Nietzschen Sinne ist Derjenige, der das Leben, d. h. den Willen zur Macht energisch bejaht. Was ist aber das Leben? „Leben selbst ist wesentlich Aneignung, Verletzung, Ueberwältigung des Fremden und Schwächeren, Unterdrückung, Härte, Aufzwängung eigener Formen, Einverleibung und mindestens, mildestens, Ausbeutung" sagt Nietzsche. Der Grundzug jenes Starken, des Nietzsche'schen Idealmenschen, ist Bosheit und raffinirte Grausamkeit. Das Herrenrecht besteht wesentlich in einem Wohlgefühle, seine Macht an einem Machtlosen unbedenklich auslassen zu dürfen, in der Wollust „de faire le mal pour le plaisir de le faire". Ja, Nietzsche findet sogar, an Paul Rée erinnernd, „die Grausamkeit macht die große Festfreude der Menschheit aus, sie ist als Ingredienz fast jeder ihrer Formen zugemischt"; denn, fährt er fort, „Leidensehen thut wohl, Leidenmachen noch wohler".

Wie Nietzsche aus dieser trüben Quelle den Begriff von Vergeltung, Schuld und Gewissen als „Verhältniß zwischen Käufer und Verkäufer, Gläubiger und Schuldner" ableitet, mag billig übergangen werden, da ich in diesen breit angelegten Ausführungen, die zudem wieder mit seinen unglücklichen etymologischen Beweisen durchsetzt sind, im günstigsten Falle nur eine geistreiche Marotte zu erblicken vermag, der man den vornehmsten kritischen Dienst damit erweist, daß man stillschweigend über sie hinweggleitet. Fassen wir aber alle jene Eigenschaften zusammen, die seine Herrenklasse auszeichnen — ungezügeltes Instinctleben, Raub, Aneignung, Verletzung Fremder, Härte, Ausbeutung Schwächerer, Bosheit, Grausamkeit und Geistlosigkeit —, so sind wir in förmlicher Verlegenheit, selbst an der Hand von reichen Hülfsmitteln der heutigen beschreibenden Zoologie, eine Bestie ausfindig zu machen, welche alle genannten Eigenschaften in so harmonischer Weise in sich vereinigt, wie die Nietzsche'schen Uebermenschen der Vorzeit, jene „prachtvollen, nach Beute und Sieg lüstern schweifenden, blonden Bestien", welche nach ihm die „ganzeren Menschen" waren.

Und doch haben diese Herrenrassen, die ihren „Instinct der Freiheit" eigentlich in der Wildniß am kräftigsten hätten bethätigen können, nach Nietzsche den „Staat" begründet, und zwar auf eine ebenso einfache Weise, wie sie Cultur und Moral überhaupt ursprünglich geschaffen haben: „Irgend ein Rudel blonder Raubthiere, eine Eroberer- und Herrenrasse, kriegerisch organisirt und mit der Kraft zu organisiren (notabene: die Bestie, mit der Kraft zu organisiren), legt unbedenklich ihre furchtbaren Tatzen auf eine der Zahl nach vielleicht ungeheuer überlegene, aber noch gestaltlose, noch schweifende Bevölkerung" („Genealogie der Moral" S. 79).

Sucht man nach einer philosophischen Formel, auf welche man seinen Idealmenschen der Urzeit taufen könnte, so ist man keinen Augenblick verlegen: er ist die Incarnation des Egoismus. Die blonde Bestie kennt nur sich und ihre Gelüste; sie ist sich selbst Zweck und ihr einziger Zweck; die übrige Welt ist nur Mittel, ihre Instincte zu befriedigen, indem sie dem „Willen zur Macht" Spielraum zur Bethätigung gewährt. Nun ist ja der Gedanke, unsere gesammte Moral auf den Egoismus als auf ihre einzige Grundquelle zurück zu führen, keineswegs neu. Von Thomas Hobbes an bis auf Herbert Spencer hat in der neueren Philosophie eine stattliche Reihe von Moralpsychologen — es seien nur Mandeville, La Rochefoucauld, La Bruyère, Helvetius hervorgehoben — unter Zugrundelegung des natürlichen Strebens nach Selbsterhaltung als ursprünglichen Triebes, eine Moral auf egoistischer Basis zu begründen gesucht. Neu ist bei Nietzsche nur, daß er nicht, wie jene, unsere Moral in Schutz zu nehmen sucht, trotzdem sie in letzter Linie dem Egoismus entquillt, sondern im Gegentheil die heutige Moral ablehnt, weil sie bereits mit altruistischen Elementen zu sehr durchsetzt ist, d. h. nicht mehr das Product des reinen, unverdorbenen Egoismus des Naturzustandes darstellt. Unser Verfall rührt nach ihm daher, daß wir nicht mehr egoistisch genug sind. „Es ist zu Ende mit dem Menschen, wenn er altruistisch wird; es fehlt am Besten, wenn es an der Selbstsucht zu fehlen beginnt", hat Nietzsche den Muth („Götzendämmerung" S. 101) niederzuschreiben. Ja, der Egoismus gehört nach ihm ausdrücklich zum „Wesen der vornehmen Seele" („Jenseits von Gut und Böse" S. 241). Dieses cynische Umkehren alles dessen, was bisher als edel und erhebend gegolten, diese grundmäßige Umwerthung aller moralischen Werthe, die sich nicht scheut, das als Ideal zu preisen, was der mehrtausendjährige consensus omnium als Inbegriff alles Verwerflichen verabscheut hat, überbietet an frivolem Radicalismus Alles, was bisher aus einer gebildeten Feder geflossen, auch Max Stirner's Buch, „Der Einzige und sein Eigenthum", nicht ausgeschlossen.

Gewiß ist Stirner neben Nietzsche der rücksichtsloseste Vertreter des egoistischen Individualismus. Aber selbst nach dem auf die äußerste Spitze getriebenen Egoismus Stirner's ist Menschenliebe, wenn auch als verhüllter Egoismus, wenigstens noch möglich. So heißt es bei Stirner: „Ich liebe die Menschen auch, nicht bloß einzelne, sondern jeden. Aber ich liebe sie mit dem Bewußtsein des Egoismus. Ich liebe sie, weil die Liebe Mich glücklich macht, ich liebe, weil Mir das Lieben natürlich ist, weil Mir's gefällt. Ich kenne ‚kein Gebot der Liebe'. Ich habe Mitgefühl mit jedem fühlenden Wesen, und ihre Qual quält, ihre Erquickung erquickt auch Mich: tödten kann ich sie, martern nicht."

Anders Nietzsche. Ihm ist gerade „die Grausamkeit, die Lust an der Verfolgung, am Ueberfall, am Wechsel, an der Zerstörung" das auszeichnende Merkmal, gleichsam die fine fleur der Herrenklasse. Mitgefühl für andere Geschöpfe empfinden, oder gar Mitleid haben, ist in seinen Augen das unverkennbare Anzeichen von Niedergang, Entartung, Décadence. „Unsere Mitgefühlsmoral . . . ist ein Ausdruck mehr der physiologischen Ueberreizbarkeit, die Allem, was décadent ist, eignet . . . Die vornehmen Culturen sehen im Mitleiden, in der ‚Nächstenliebe', im Mangel am Selbst und Selbstgefühl etwas Verächtliches" („Götzendämmerung" S. 107).

Diese mephistophelischen Gedanken, die den Culminationspunkt des Nietzsche'schen Ideenganges darstellen, sind fürwahr von einer geradezu originellen Bestialität. Wenn die höchste Potenzirung des Originellen darin besteht, einem Gedanken nachzuhängen und ihn zu verkünden, wie ihn noch kein Menschenhirn, selbst im höchsten Stadium des Fieberparoxysmus, ausgebrütet hat, so kann man Nietzsche, dem Verkünder einer neuen Heilswahrheit, die ihn als einen umgekehrten Christus kennzeichnet, den absonderlichen Ruhmestitel, in diesem Punkte etwas absolut Originelles, nie Dagewesenes verkündet zu haben, kaum vorenthalten. Die Menschenliebe als Verfallssymptom zu erklären, und dafür die Grausamkeit nicht bloß als geschichtliche Quelle, sondern als oberste Tugend des wahrhaft Edlen zu setzen, das ist allerdings eine Umwerthung aller moralischen Werthe, an die selbst der ausschweifendste antike Cyniker noch nicht heranreicht. Im Mittelalter freilich tauchten da und dort ähnlich geartete Nachtgedanken auf; aber sie galten als Specialtheorie des leibhaftigen Gottseibeiuns. — — — —

Allein bei Nietzsche handelt es sich hierbei nicht etwa um einen flüchtig hingeworfenen, aus vorübergehender misanthropischer Stimmung heraus geborenen Gedanken, sondern um eine förmliche Theorie, die seine gesammte Geschichtsauffassung beherrscht. Es ist dies gleichsam ein zum System erhobener Mephistophelismus, der Methode hat. Denn neben der Herren-Moral, welche die aristokratischen Raubthiereigenschaften den unterjochten „Herdenthieren“ aufzuzwängen sucht, kennt Nietzsche auch eine Sklaven-Moral, die umgekehrt ein Conterfei der Sklaveneigenschaften der Schwächeren darstellt. Und so gut die Herren-Moral sich durchzusetzen und Geltung zu verschaffen versucht, so sehr strebt die Sklaven-Moral ihrerseits darnach, den Kampf gegen die Herren-Moral aufzunehmen, um sie in ausdauerndem Ringen nach und nach völlig zu bezwingen.

In der Sklaven-Moral werden „die Eigenschaften hervorgezogen und mit Licht übergossen, welche dazu dienen, Leidenden das Dasein zu erleichtern; hier kommt das Mitleiden, die gefällige, hülfbereite Hand, das warme Herz, die Geduld, der Fleiß, die Demuth, die Freundlichkeit zu Ehren —, denn das sind hier die nützlichen Eigenschaften und beinahe das einzige Mittel, den Druck des Daseins auszuhalten. Die Sklaven-Moral ist wesentlich Nützlichkeits-Moral. Hier ist der Herd für die Entstehung jenes berühmten Gegensatzes von „Gut“ und „Böse“ („Jenseits von Gut und Böse“ S. 232).

Diese bekannte Stelle, die uns zugleich Aufschluß über den Titel seines Hauptwerkes („Jenseits von Gut und Böse“) gewährt, enthält den Kern seiner Beurtheilung unserer heutigen Moral. Alle die hier aufgeführten Eigenschaften der Schwächeren, die ja in den Augen des heutigen Europäers ebenso viele Tugenden sind, werden von ihm als scharf hervorstechende Merkzeichen der Sklaven-Moral angesehen. Und seine Geschichtsphilosophie gipfelt in dem Satz: „Diese Träger der niederdrückenden und vergeltungslüsternen Instincte, die Nachkommen alles europäischen und nichteuropäischen Sklaventhums, — sie stellen den Rückgang der Menschheit dar.“ Es ist ja nach Nietzsche ganz consequent, im Fortschritt der Cultur nur einen Rückgang zu sehen. Wer sich eben auf den Kopf stellt und so in einen Spiegel blickt, muß nothgedrungen Alles verkehrt sehen. Ist aber die Vergangenheit nur der Spiegel der Gegenwart, so muß Nietzsche naturgemäß alle Phasen der Geschichte anders sehen, als es bisher der normale Mensch gethan, und ihnen eine umgekehrte Deutung geben.

Zwischen die Herrenrasse und Sklavenklasse schiebt sich nun nach Nietzsche im Lauf der Zeit eine priesterliche Aristokratie ein, deren Werthungsweise sich von der ritterlich-aristokratischen zunächst abzweigt, um sich allgemach zu deren Gegensatz fortzuentwickeln. Diese Priester-Aristokratie kommt der Sklaven-Moral zu Hülfe, und so wird denn die ritterliche Werthungsweise mit vereinten Waffen geschlagen. Diese Waffen aber sind vergiftet. Denn „die Priester sind, wie bekannt, die bösesten Feinde — weshalb doch? weil sie die Ohnmächtigsten sind. Aus der Ohnmacht wächst bei ihnen der Haß ins Ungeheure und Unheimliche, ins Geistigste und Giftigste. Die ganz großen Hasser in der Weltgeschichte sind immer Priester gewesen, auch die geistreichsten Hasser."

Und so mögen denn, so spinnt der sociologische Roman Nietzsche's den Faden der Weltgeschichte weiter, Sklaven und Priester Jahrtausende lang Schulter an Schulter gegen die Herren-Moral angekämpft haben, vorerst ohne greifbaren Erfolg, bis ein welterschütterndes, die Moral revolutionirendes Ereigniß eintrat: ein Priestervolk betritt die Weltbühne — die Juden.

Trotz des tiefgehenden Antagonismus, der geradezu polaren Gegensätzlichkeit, in welcher sich Nietzsche's Weltanschauung zu der des alten Bundes befindet, kenne ich keinen Philosophen, der einerseits dem Auftreten der Juden in der Weltgeschichte eine so tiefgreifende, entscheidende culturhistorische Rolle zugetheilt, und der andererseits dem Charakter der Juden als Nation eine solche an Ehrfurcht grenzende Hochachtung gezollt hätte, wie der Allerweltsnörgler Nietzsche. „Alles, was auf Erden gegen ‚die Vornehmen‘, ‚die Gewaltigen‘, ‚die Herren‘, ‚die Machthaber‘ gethan worden ist, ist nicht der Rede werth im Vergleich mit dem, was die Juden gegen sie gethan haben; die Juden, jenes priesterliche Volk, das sich an seinen Feinden und Ueberwältigern zuletzt nur durch eine radicale Umwerthung von deren Werthen, also durch einen Act der geistigsten Rache Genugthuung zu schaffen wußte. Die Juden sind es gewesen, die gegen die aristokratische Werthgleichung (gut=vornehm=mächtig=schön=glücklich=gottgeliebt) mit einer Furcht einflößenden Folgerichtigkeit die Umkehrung gewagt und mit den Zähnen des abgründlichsten Hasses (des Hasses der Ohnmacht) festgehalten haben, nämlich: „Die Elenden sind allein die Guten, die Armen, Ohnmächtigen, Niedrigen sind allein die Guten, die Leidenden, Entbehrenden, Kranken, Häßlichen sind auch die einzig Frommen, die einzig Gottseligen, für sie allein gibt es Seligkeit.... Mit dieser Werthumkehrung beginnt der Sklavenaufstand in der Moral, jener Aufstand, welcher eine zweitausendjährige Geschichte hinter sich hat und der uns heute nur deshalb aus den Augen gerückt ist, weil er — siegreich gewesen ist“ („Gen. d. Moral“ S. 13). Die Juden seien es also gewesen, die durch ihre „grundsätzlichste aller Kriegserklärungen“ der Sklaven=Moral zum endgültigen Siege verholfen hätten. „Was Europa den Juden verdankt? Vielerlei, Gutes und Schlimmes, und vor Allem Eins, das vom Besten und Schlimmsten zugleich ist: den großen Stil in der Moral... Wir Artisten unter den Zuschauern und Philosophen sind dafür den Juden dankbar.“ Das gilt nicht bloß vom historischen Juden, dem ja auch Andere einige Bedeutung bei=

zumessen nicht umhin können, sondern auch vom lebendigen: „Die Juden sind ohne allen Zweifel die stärkste, zäheste und reinste Rasse, die jetzt in Europa lebt; sie verstehen es, selbst noch unter den schlimmsten Bedingungen sich durchzusetzen (besser sogar, als unter günstigen), vermöge irgend welcher Tugenden, die man heute gern zu Lastern stempeln möchte .... man sollte diesen Zug und Drang der heutigen Juden, von Europa ein- und aufgesaugt zu werden, wohl beachten und ihm entgegenkommen: wozu es vielleicht nützlich und billig wäre, die antisemitischen Schreihälse des Landes zu verweisen" („Jenseits von Gut und Böse" S. 207—210).

Plato von der philosophischen und die Juden von der geschichtlichen Seite haben den Bruch der europäischen Cultur mit der Herren-Moral, die noch im Dionyscult des genußfrohen, lebensfreudigen Hellas ihre letzten Triumphe gefeiert, herbeigeführt und den Uebergang zur Sklaven-Moral vollzogen. Hieß das Ideal der ersteren ungebundene, durch keinerlei Rücksichtnahme eingeschnürte Lebensheiterkeit und Genußempfänglichkeit, so läßt sich die gesammte Tendenz der Sklaven-Moral in einem einzigen Begriff zusammenfassen: Askese. „Während alle vornehme Moral aus einem triumphirenden Jasagen zu sich selber herauswächst, sagt die Skaven-Moral von vornherein Nein." Optimismus und Pessimismus, Lustinstinct und Askese, Rom und Judäa haben Jahrtausende lang in verzweifeltem Wettkampfe mit einander gerungen, bis Judäa siegreich aus dem Kampfe hervorgegangen ist; denn „daran, daß Judäa über Rom einstweilen gesiegt hat, ist gar kein Zweifel; man erwäge doch, vor wem man sich heute in Rom selber als vor dem Inbegriff aller höchsten Werthe beugt — vor drei Juden, wie man weiß, und Einer Jüdin, vor Jesus von Nazareth, dem Fischer Petrus, dem Teppichwirker Paulus und der Mutter des Anfangs genannten Jesus, genannt Maria" („Genealogie der Moral" S. 35).

Eine wunderliche Geschichtsauffassung fürwahr, die Platonismus, Judenthum und Christenthum zusammenmengt und mit der Aufschrift „Askese" versieht. Der logische Fehler dieser summarischen Zusammenfassungen ist, daß die Kategorien „Instinct" und „Askese" so weit gezogen sind, daß die unter solche Kategorien fallenden Begriffe nur eine flüchtige Aehnlichkeit mit einander, aber keine engeren Beziehungen zu einander zu haben brauchen. Falsch sind in diesem historischen Calcül Nietzsche's schon die elementaren Voraussetzungen. Ja, seine Grundvoraussetzung, daß wir Culturmenschen physiologisch degenerirt seien, ist eine ganz willkürliche, unbeweisbare, mit den Ergebnissen der vergleichenden Völkerkunde sogar unvereinbare Annahme. Sind etwa Naturvölker, wie die Kalmücken und Hottentotten u. s. w., die nicht durch die Cultur heruntergebracht worden sind, physiologisch vollkommener als wir? Oder nehmen wir die Kehrseite der Medaille: Jene Helden der Urzeit, die es Nietzsche vermöge ihrer „blühenden Leiblichkeit" so sehr angethan, kennt er ja nur aus griechischen und nordischen Sagen! Besitzen wir statistische Nachweise über deren Gesundheitszustand, oder bestimmte culturgeschichtliche Anhaltspunkte über deren Leben und Treiben? Die „blonde Bestie" Nietzsche's, den Gegenstand seiner Schwärmerei, kennen wir ja erst seit ihrem Auftreten in der Geschichte, wo sie zwar noch blond, aber keine Bestie mehr ist. Sich Helden, deren Existenz und Daseinsform sich geschichtlich gar nicht ermitteln lassen, aus der Phantasie zurechtschnitzen, um dann anbetungsvoll zu ihnen emporzuschauen, das geschieht freilich öfters; aber nur in jener religiösen Mythenbildung, die Nietzsche so verächtlich behandelt. Was ist seine zurechtphantasirte Herrenklasse Anderes, als sociologische Mythenbildung? Soll damit nur gesagt sein, daß es immer Herrschende und Beherrschte gegeben hat, so brauchte Nietzsche diese Binsenweisheit nicht erst zu entdecken; soll aber damit gemeint sein, daß es besondere Herrenrassen, gleichsam von der Natur als fleischgewordene Verwirklichung des „Willens zur Macht" prädestinirte Völkerschaften gegeben hat, so fehlt hierfür jeder wissenschaftliche Nachweis. So lange wir aber keinen solchen besitzen, sind wir befugt, diese ganze Theorie von „Herren- und Sklavenrassen" vorläufig als sociologische Mythologie zu behandeln.

Ob die Culturmenschen übrigens physiologisch überhaupt zurückgekommen sind, ist mehr als fraglich. Bei einzelnen Jagdvölkern mag ja durch die Beschäftigung des Alltags im Durchschnitt eine robustere Constitution vorhanden gewesen sein. Bedenkt man jedoch, daß in der vorchristlichen Zeit Kindesaussetzungen, namentlich solche von schwächlichen, kränklichen und verkrüppelten, bei einer großen Anzahl von Völkerschaften die Regel bildeten, so daß nur physiologisch untadelhafte Kinder Aussicht hatten, am Leben zu bleiben; daß ferner Krankheiten, Epidemien, Hungerjahre, feindliche Ueberfälle, Ueberschwemmungen, Brände, Naturereignisse aller Art, gegen welche man im Naturzustande keinen Schutz besaß, gerade den schwächsten Theil der Bevölkerung decimirt haben, so mag es immerhin sein, daß der widerstandskräftige Ueberrest physiologisch leidlich gut geartet war. Ob aber im Durchschnitt besser als wir, die wir alle Kränklinge und Krüppel sorgsam auferziehen und somit statistisch mit in die Wagschale werfen, wer möchte dies entscheiden? Daß die durchschnittliche Lebensdauer mit fortschreitender Cultur zunimmt, ist statistisch festgestellt. Vielleicht ist sogar die Summe der vorhandenen „blonden Bestien", jener Hünenfiguren, zu welchen Nietzsche in seinem einseitigen Cultus der physischen Kraft emporschaut, keine geringere als einstmals im Teutoburger Walde. Nur muß man sich seine Typen des heutigen Menschen nicht gerade wie Nietzsche nur auf den Pariser Boulevards suchen, sondern etwa auch aus der preußischen Garde holen, dann wird man die physiologische Entartung, die Nietzsche durchaus entdeckt haben will, nicht allzu tragisch nehmen [1]).

Mit dieser Grundvoraussetzung Nietzsche's aber steht und fällt das ganze Kartenhaus seiner Cultur- und Moraltheorie. Die einzige ernstliche Gegeninstanz gegen die herrschende Cultur war der Vorwurf, daß die Menschen unter ihrer Herrschaft physiologisch degenerirten. Stellt sich aber diese als eine willkürliche, weil durch keinerlei statistisches Material unterstützte, eben darum aber haltlos

---

[1]) Nach Herbert Spencer, dem berufensten Kenner und Beurtheiler sociologischer Streitfragen, sind die civilisirten Rassen physiologisch nicht entartet, sondern im Gegentheil höher entwickelt; vergl. Spencer, Einleitung in das Studium der Sociologie, deutsch von Marquardsen, Bd. I, S. 98: „... Wie man dies z. B. an der zu allen Zeiten landläufigen Meinung sieht, daß die Größe und Kraft unserer Rasse abgenommen habe, während sie, wie durch Knochen, Mumien, Rüstungen und die Erfahrungen der mit den Ureinwohnern in Berührung gekommenen Reisenden bewiesen ist, im Durchschnitt zugenommen haben."

in der Luft schwebende Behauptung dar, der man eine entgegengesetzte mit gleichem, vielmehr mit noch besserem Recht gegenüberstellen kann, so wird man dem Culturmenschen wohl kaum zumuthen dürfen, einer luftigen Hypothese zu Liebe einen allgemeinen Weltbrand gewaltsam herbeizuführen. Und setzen wir selbst den etwas zweifelhaften Fall, die Menschheit wäre geneigt, mit der Vergangenheit radical zu brechen und auf Nietzsche's Ideen einzugehen, so könnte sie es nach Nietzsche's eigenem Ausspruch nicht. „Zum Menschen sagen: ‚ändere dich' heißt verlangen, daß Alles sich ändert, sogar rückwärts noch . . . keine kleine Tollheit!" heißt es in der „Götzendämmerung" S. 35 (noch schärfer ebenda S. 116). Wenn sich aber der Mensch gar nicht ändern kann, wenn sich die Causalkette des Naturlaufs zu einem förmlichen Fatum verdichtet, wie Nietzsche an der gleichen Stelle ausführt, so ist nicht abzusehen, zu welchem Ende solche sociologische Curpfuschereien, wie sie unser Denker vorschlägt, dienen sollen.

Es ergibt sich nämlich vom Nietzsche'schen Standpunkte aus folgende Alternative: Entweder ist der „Wille zur Macht" — gesetzt, wir seien geneigt, diesen Mischmasch von Schopenhauer'scher Willensmetaphysik und Darwin-Spencer'scher Descendenztheorie als Substanz anzuerkennen — die wirkliche Substanz, die Weltkraft, dann war sie es ja, welche die heutigen Culturformen mit fatalistischer Nothwendigkeit aus sich herausgetrieben hat: welchen Sinn hätte es dann, uns dem unabänderlichen Naturlauf trotzig entgegenstemmen zu wollen? Das hieße einen mächtigen Felsblock, der sich an einem Bergabhang loslöst und nun mit rasender Wucht der Tiefe zueilt, mit einem Stecknadelknopf in seinem Lauf hemmen wollen.

Gibt es überhaupt nur eine Substanz und herrscht in ihr, wie Spinoza unter dieser Voraussetzung für immer dargethan, Nothwendigkeit, so wäre es eine täppische Don Quixoterie, die Räder der Weltgeschichte bremsen oder gar rückwärts schieben zu wollen. — Oder der Wille zur Macht ist durch den Sklavenaufstand in der Moral, durch das vermittelst der vereinigten Anstrengungen von Platonismus, Judenthum und Christenthum zur Herrschaft gelangte asketische Ideal, das in einer nach Innen gekehrten, gegen die eigenen Instincte gerichteten Grausamkeit besteht, abgeschwächt, verdünnt, verunstaltet worden: dann erwüchse dem von Nietzsche herbeigesehnten Uebermenschen die Aufgabe, dem „zurückgedrängten, zurückgetretenen, ins Innere eingekerkerten und zuletzt nur an sich selbst noch entladenden und auslassenden Instinct der Freiheit," d. h. dem Willen zur Macht, wieder zur vollen Herrschaft zu verhelfen. Mit anderen Worten: die Welt kann nur durch den Menschen „erlöst" werden. In die Worte Spinoza's übersetzt, würde dies heißen: die Substanz ist Modus geworden.

Allein nicht an Spinoza, sondern an Schopenhauer haben wir bei dieser absonderlichen mystischen Wendung der metaphysischen Sociologie Nietzsche's zu denken. Nicht umsonst theilt er („Götzendämmerung" S. 54) mit Schopenhauer die schwärmerische Vorliebe für Brahmanenthum und Buddhismus. „Man athmet auf, aus der christlichen Kranken- und Kerkerluft in diese gesündere, hörere, weitere Welt einzutreten. Wie armselig ist das „Neue Testament" gegen Manu, wie schlecht riecht es!" Man ersieht aus dieser bösartigen Blasphemie, wie er sich mit seinem Meister Schopenhauer, dem er ja sonst gründlich abhold ist, weil dieser die „jüdisch-christliche Mitleidsmoral" wieder in Schwung gebracht und damit „die größte psychologische Falschmünzerei, die es, das Christenthum abgerechnet, in der Geschichte gibt", begangen hat, gleichwohl eins weiß in Manu.

Man wird überhaupt gut thun, dem von Nietzsche mit so ausdrucksvoller Geflissentlichkeit hervorgekehrten Differenzpunkt zwischen ihm und Schopenhauer eine weniger tiefe Bedeutung beizumessen. Gewiß gipfelt Schopenhauer's Ethik in einer Verneinung des Willens zum Leben, Nietzsche's hingegen in einer Bejahung des Willens zur Macht. Sinn und Endzweck des Universums ist für Jenen das ewige Nichts, Nirwâna, für diesen die unumschränkte Herrschaft des Instincts. Doch liegt der Treffpunkt dieser scheinbar polaren Gegensätze darin, daß beide Denker in ihrer viel Uebereinstimmung aufweisenden Lehre vom Genie die „Erlösung" der Welt durch den Menschen für möglich, ja für den einzigen Ausweg aus dieser Culturmisère halten. Auch ist es nicht einmal zutreffend, Nietzsche im Gegensatz zu Schopenhauer einen grundsätzlichen Optimisten zu nennen. Er ist ein transcendentaler Optimist wie etwa Leibniz, sofern er die Bejahung des Willens zur Macht energisch fordert und bei consequenter Durchsetzung dieses Princips in einer fernen Zukunft einzelnen Auserlesenen ein hohes Ausmaß von Glückseligkeit in Aussicht stellt. Aber für die empirische Welt, in Hinsicht auf die heutige Culturlage, ist er Pessimist so gut wie Schopenhauer und Hartmann. Ihm geht nicht, wie Schopenhauer, die energische Bejahung des Willens zum Leben seitens der heutigen Menschen wider den Strich; ihm flößt auch nicht, wie Hartmann, die Aussichtslosigkeit der socialen Lage der heutigen Menschheit Bedenken ein: nein, der heutige Mensch selbst ist ihm zum Ekel. „Der Mensch ist Etwas, das überwunden werden soll. .. Einst wart ihr (Menschen) Affen, und auch jetzt noch ist der Mensch mehr Affe, als irgend ein Affe" („Zarathustra" I, 9 u. ö.). Sein empirischer Pessimismus gibt an Schärfe und Wildheit der Aeußerungsform desselben dem Schopenhauer'schen nichts nach. Stimmt er aber mit Schopenhauer einmal darin überein, daß die heutige Cultur überwunden werden muß, andermal darin, daß der geniale Mensch die Eignung besitzt, diese Ueberwindung anzubahnen und allmälig herbeizuführen, so ist die Scheidelinie zwischen beiden Denkern keine so tiefgehende mehr, wie Nietzsche glauben machen will. Eben damit aber, daß er Gott durch den Menschen, die Welt durch das Genie erlösen will, beschritt er mit Schopenhauer jene schlüpfrige Bahn der metaphysischen Mythologie, wohin wir den fernhin leuchtenden Gedankenblitzen der Schriftsteller Schopenhauer und Nietzsche zwar willig folgen, den Philosophen in ihnen aber nur mit wehmüthigem Kopfschütteln nachblicken können. Diese metaphysisch-mystischen Welterklärungen lassen wir uns heute allenfalls noch in erhebenden, vom Glorienschein des schöpferischen poetischen Genies umflossenen und vergoldeten Dichtungen gefallen, aber sie ernst nehmen oder gar zum Range einer wissenschaftlichen Weltanschauung erheben, dazu wird sich der naturwissenschaftlich geschulte Denker der Jetztzeit nicht so bald wieder verstehen. Die Lehren, welche uns die Geschichte der Philosophie über den wissenschaftlichen Werth solcher „Weltanschauungen" ertheilt, sind eben doch von einer gar zu grausamen Deutlichkeit, als daß wir ernstlich Gefahr liefen, die Nietzsche'sche Formel „Wille zur Macht" zur Würde einer auch nur zeitweilig wissenschaftlich befriedigenden Welterklärung zu erheben. Dazu müßte sie denn doch ganz anders fundirt und logisch abgeleitet sein, als sie es in Wirklichkeit ist.

In der Auseinanderfaltung des historisch-kritischen Theiles der Nietzsche'schen Sociologie und Ethik, wobei ich, soweit irgend angängig, den Denker selbst habe sprechen lassen, glaube ich nunmehr nachgewiesen zu haben, daß die Grundvoraussetzungen seiner Kritik der herrschenden Cultur auf thönernen Füßen ruhen. Statt wissenschaftlicher Deduction stießen wir Schritt für Schritt auf geistreiches Hypothesenspiel. Es wird nicht schwer fallen, auch seine historische Ableitung der heutigen Cultur aus dem Kampf Judäa's gegen Rom, dem Sklavenaufstand in der Moral, gelindestens als eigenwillige Einseitigkeit, als unzulässige Uebertreibung aufzudecken. Wer wie Nietzsche Evolutionist ist und selbst in der Schönheit nur „das Schlußergebniß der accumulirten Arbeit von Geschlechtern" sieht („Götzendämmerung" S. 123, ebenso S. 116), hat nicht das Recht, von einem plötzlichen Sklavenaufstand in der Moral, der noch dazu von einem einzigen Volke in Scene gesetzt worden sei, zu sprechen. Man mag dem Eingreifen des altjüdischen Volkes in den Lauf der Cultur eine so hohe Bedeutung zuschreiben, wie man nur irgend will: das, was Nietzsche den Sklavenaufstand in der Moral, was wir die allmälige Hinüberleitung der Culturmenschheit zum Ideal der Nächstenliebe nennen, das haben nie und nimmer die Juden allein bewerkstelligt! Der Hauptstrom, der in das Christenthum mündete, mag ja aus Jerusalem stammen; aber auch Hellas, Rom und nicht zuletzt Alexandrien — von indischen Einflüssen zu schweigen — haben mächtige Gedankencanäle in dasselbe entsendet. Die griechische Philosophie, vorab die stoische, ist mit keinem geringen Antheil an der Entstehung und Ausgestaltung des Urchristenthums betheiligt. Es ist demnach mindestens willkürlich, im Christenthum nichts weiter zu sehen, als eine Fortsetzung des „asketischen Ideals" Judäa's, ebenso willkürlich, wie den Begriff Judäa's überhaupt mit dem des asketischen Ideals zu identificiren. Das alte Testament huldigt, in den Psalmen zumal, einem nichts weniger als asketischen Ideal [1]). Die ständig sich wiederholende Mahnung „Dienet Gott in Freuden" sieht nicht gerade danach aus, als ob das alte Testament einen Codex des asketischen Ideals darstellte.

Aber selbst von allen diesen Willkürlichkeiten abgesehen: wie kann Jemand, der sich trotz seines boshaften Ausfalls gegen den grunddeutschen, auf Herder zurückgehenden Begriff der „Entwicklung" („Jenseits von Gut und Böse" S. 200), seiner ganzen Weltauffassung nach als Evolutionisten aufspielt, von einem durch die Juden und nur durch diese herbeigeführten Sklavenaufstand in der Moral sprechen? Kann ein Volk zu einer gegebenen Zeit der Weltentwicklung plötzlich hemmend entgegentreten, unvermittelt alle moralischen Werthe umkehren? Haben wir es nicht vielmehr auch hier mit einem „Schlußergebniß der accumulirten Arbeit von Geschlechtern", und, fügen wir noch hinzu, von Geschlechtern nicht bloß Eines Stammes, sondern ganzer Zeitalter zu thun? An der Umkehrung aller mora-

[1]) Nachdem diese Zeilen niedergeschrieben waren, erschien der interessante Aufsatz „Metaphysik und Asketik" von Prof. Wilhelm Bender in dem von mir herausgegebenen „Archiv für Geschichte der Philosophie", Bd. VI, Heft 1, S. 29. Bender führt da aus: „Das Judenthum ist von Hause aus so wenig wie der Hellenismus asketisch gerichtet."

lischen Werthe, sofern man diese scharfe, in ihrer Allgemeinheit viel zu weit getriebene Zuspitzung überhaupt gelten lassen will, haben die griechische und die von dieser beeinflußte alexandrinische Philosophie und der Buddhismus so gut Antheil, wie die Religion Judäa's. Und so erweist sich denn auch diese Nietzsche'sche Deutung jenes entscheidenden Wendepunktes der Culturgeschichte, der Entstehung des Christenthums, als eine piquant zurechtgestutzte Episode seines sociologischen Romans.

V.

Die positiven Lehren Nietzsche's und ihre Gefahren.

Doch wenden wir uns, nachdem wir die logische Unzulänglichkeit und wissenschaftliche Unhaltbarkeit von Nietzsche's historisch-kritischen Ausführungen dargethan zu haben glauben, dem positiv aufbauenden Theile seiner Sociologie zu. Da er in unzähligen, an beißendem Spott und zersetzender Bitterkeit kaum zu überbietenden Wendungen der Culturmenschheit zugerufen hat, wie sie nicht bleiben darf, soll sie nicht dem Untergange geweiht sein, so erwuchs ihm die unabweisliche Pflicht, ein Bild solcher Idealmenschen zu entwerfen, die mit herkulischer Kraft den festgefahrenen Culturkarren wieder flott zu machen und in ein sicheres Geleise hinüberzuführen geeignet sind. Nun hatten wir bereits Gelegenheit, seine absonderliche Schwärmerei für den von elementaren Instincten geleiteten Kraftmenschen der Urzeit, für die „blonde Bestie", zu beobachten.

Der Rückschluß war gestattet, daß er in diesem Typus der „Herrenrasse", der wieder herangezüchtet werden könnte, sein Ideal des „Uebermenschen" erblickt hat, den zu suchen sein Zarathustra nicht müde wurde. Empfindsame Naturen werden sich freilich dagegen sträuben, Nietzsche eine solche Ungeheuerlichkeit zuzutrauen, zumal er ausdrücklich erklärt, daß „eine Rückbildung, eine Umkehr in irgend welchem Sinn und Grad nicht möglich ist". Allein man würde Nietzsche selbst mit dieser Empfindsamkeit einen grundschlechten Dienst erweisen. Die „blonde Bestie" wäre noch das Schlimmste nicht. Der Rückgang auf den einfacheu Naturzustand tel quel, d. h. wie er ohne die Segnungen, aber auch ohne die specifischen Laster der Cultur sich in seiner primitiven Form darstellt, ist immerhin eine namentlich von Rousseau und in jüngster Zeit mit einer gewissen religiösen Biegung von Tolstoi scharf pointirte Frage, die noch an der, allerdings äußersten Grenze des Discutabeln liegt. Es gibt aber noch Schlimmeres, als die blonde Bestie, nämlich eine zu den instinctiven Grausamkeiten des Urmenschen die ausgeklügelten Bosheiten und raffinirten Laster des Culturmenschen hinzugesellende schwarze Bestie. Und leider ist es gerade diese, der sich die Sympathien Nietzsche's in nicht mißzuverstehender Weise zuwenden. Man höre: „Der Verbrecher-Typus, das ist der Typus des starken Menschen unter ungünstigen Bedingungen, ein krank gemachter starker Mensch. Ihm fehlt die Wildniß, eine gewisse freiere und gefährlichere Natur- und Daseinsform, in der Alles, was Waffe und Wehr im Instinct des starken Menschen ist, zu Recht besteht" („Götzendämmerung" S. 119). Ein höherer Mensch, ein Art Uebermensch in diesem Sinne ist ihm — Cesare Borgia (ebenda S. 104). Auf diesen

Mann, den man als die incarnirte Teufelei zu verabscheuen sich gewöhnt hat, ist der Dithyrambus gemünzt: „Allerdings gab es in der Renaissance ein glanzvoll-unheimliches Wiederaufwachen des classischen Ideals, der vornehmen Werthungsweise aller Dinge . . .; aber sofort triumphirte wieder Judäa, dank jener gründlich pöbelhaften (deutschen und englischen) Ressentiments-Bewegung, welche man die Reformation nennt" („Gen. der Moral" S. 35 f.).

Das ist unter den unzähligen krassen Urtheilen Nietzsche's doch das krasseste: Luther, Zwingli und Calvin nicht bloß als pöbelhafte Verderber der Menschheit hinzustellen, sondern noch dazu einen Cesare Borgia ihnen als Ideal gegenüberzustellen, das ist denn doch die raffinirteste literarische Frivolität, die ich kenne, und das will wahrlich bei unserer heutigen, nichts weniger als zimperlichen jungdeutschen Literatur viel sagen!

Damit man aber nicht glaube, diese Idiosynkrasie für Cesare Borgia entspringe einer persönlichen Vorliebe für den Mann, und nicht für die Thaten, besser Unthaten dieses Mannes, mag noch folgende Stelle (aus der „Gen. der Moral" S. 167) zum Vergleich herbeigezogen werden: „Als die christlichen Kreuzfahrer auf jenen unbesiegbaren Assassinen- (Mörder-) Orden stießen, jenen Freigeister-Orden par excellence, dessen unterste Grade in einem Gehorsame lebten, wie einen gleichen kein Mönchsorden erreicht hat, da bekamen sie auf irgend welchem Wege einen Wink über jenes Symbol und Kerbholz-Wort, das nur den obersten Graden, als deren Secretum, vorbehalten war: „Nichts ist wahr, Alles ist erlaubt" . . . . Wohlan, das war Freiheit des Geistes, damit war der Wahrheit selbst der Glaube gekündigt."

Der Grundsatz des Mörderordens: „Nichts ist wahr, Alles ist erlaubt", den Nietzsche hier als vollendete „Freiheit des Geistes" feiert, somit implicite auch als Wahlspruch seines Uebermenschen verkündigt, das ist der in System gegossene Cesare Borgia, der zu einer unheimlich consequenten Theorie ausgestaltete Mephisto! Nicht umsonst thut Nietzsche einmal den Ausspruch: „Der Teufel hat die weitesten Perspectiven für Gott, deshalb hält er sich von ihm so fern — der Teufel nämlich als der älteste Freund der Erkenntniß" („Jenseits von Gut und Böse" S. 93). Faßt man nämlich alle Eigenschaften in ein Bündel zusammen, welche die durch alle denkbaren Folter-, Tortur- und sonstigen Marterwerkzeuge in eine bestimmte düstere Richtung gelenkte, Mythen bildende Volksphantasie des Mittelalters dem Teufel angedichtet hat, dann erhält man als Facit den Uebermenschen Cesare Borgia, dieses „unheimlich-glanzvolle, klassische Ideal" Nietzsche's.

Wie sollen nun aber Uebermenschen von so vornehmer Werthungsweise, die uns von unserer auf Irrwege gerathenen Cultur zu erlösen berufen sind, gezüchtet werden? Durch eine allmälig groß zu ziehende Aristokratie. Der alten „Lügenlosung vom Vorrecht der Meisten" stellt er „die furchtbare und entzückende Gegenlosung vom Vorrecht der Wenigsten" gegenüber. Der Typus eines solchen Aristokraten ist ihm Napoleon, „jener einzelnste und spät geborenste Mensch, den es jemals gab, und in ihm das fleischgewordene Problem des vornehmen Ideals an sich" — man überlege wohl, was es für ein Problem ist: „Napoleon, diese Synthesis von Unmensch und Uebermensch" („Gen. d. Moral" S. 36f.).

Nur die Wenigsten aber eignen sich zu dieser höheren Erziehung, „man muß privilegirt sein, um ein Recht auf ein so hohes Privilegium zu haben. Alle großen, alle schönen Dinge können kein Gemeingut sein: pulchrum est paucorum hominum. Was bedingt den Niedergang der deutschen Cultur? Daß höhere Erziehung kein Vorrecht mehr ist — der Demokratismus der allgemeinen, gemein gewordenen Bildung". Natürlich muß man dazu Autodidakt sein; denn wo fände man einen Lehrer, der uns zu den Höhen vornehmen Denkens emporführen könnte? Das vermag nur das selbsteigene philosophische Denken. Aber bei Leibe nicht — die heutige deutsche Philosophie! Denn „wer kennt unter Deutschen jenen feinen Schauder aus Erfahrung noch, den die leichten Füße im Geistigen in alle Muskeln überströmen?" (G. D. S. 64 und 67). So wenig wie die heutige deutsche Philosophie diese Erziehung zum aristokratischen Uebermenschen zu leiten vermag, so wenig kann dies die moderne Wissenschaft überhaupt. Auch sie ist heute nur die „beste Bundesgenossin des asketischen Ideals". Seit Kopernikus scheint ihm der Mensch in eine schiefe Ebene gerathen zu sein; er rollt immer schneller aus dem Mittelpunkte hinweg. Wohin? ins Nichts! Ins „durchbohrende Gefühl seines Nichts"! Wenn aber weder die Philosophie, noch die moderne Wissenschaft uns die Mittel an die Hand gibt, eine solche Aristokratie zu züchten, woher sonst sollen wir die erzieherische Möglichkeit schöpfen, das Menschengeschlecht so umzugestalten, daß wir die erlesensten seiner Glieder auf jenen aristokratischen Ton stimmen? Statt einer wissenschaftlichen Antwort auf diese naheliegende, berechtigte Frage erhalten wir folgende, im Sehertone des Sectenstifters vorgetragene Prophezeihungen:

„Es sprechen alle Anzeichen dafür, daß ein männlicheres, ein kriegerisches Zeitalter anhebt, das vor Allem die Tapferkeit wieder zu Ehren bringen wird! . . . Dazu bedarf es für jetzt vieler vorbereitender, tapferer Menschen, welche doch nicht aus dem Nichts entspringen können — und ebenso wenig aus dem Sand und Schleim der jetzigen Civilisation und Großstadtbildung: Menschen, welche es verstehen, schweigend, einsam, entschlossen, in unsichtbarer Thätigkeit zufrieden und beständig zu sein: Menschen, die mit innerlichem Hange an allen Dingen nach dem suchen, was an ihnen zu überwinden ist: Menschen, denen Heiterkeit, Geduld, Schlichtheit und Verachtung der großen Eitelkeiten ebenso zu eigen ist, als Großmuth im Siege und Nachsicht gegen die kleinen Eitelkeiten aller Besiegten: Menschen mit einem scharfen und freien Urtheile über alle Sieger und über den Antheil des Zufalls an jedem Siege und Ruhme: Menschen mit eigenen Festen, eigenen Werktagen, eigenen Trauerzeiten, gewohnt und sicher im Befehlen und gleich bereit, wo es gilt, zu gehorchen, im Einen wie im Anderen gleich stolz, gleich ihrer eigenen Sache dienend: gefährdetere Menschen, fruchtbarere Menschen, glücklichere Menschen! Denn — das Geheimniß, um die größte Fruchtbarkeit und den größten Genuß vom Dasein einzuernten, heißt: gefährlich leben! Baut eure Städte an den Vesuv! Schickt eure Schiffe in unerforschte Meere! Lebt im Kriege mit eures Gleichen und mit euch selber! Seid Räuber und Eroberer, so lange ihr nicht Herrscher und Besitzer sein könnt, ihr Erkennenden! Die Zeit geht bald vorbei, wo es euch genug sein dürfte, gleich scheuen Hirschen in Wäldern versteckt zu leben! Endlich wird die Erkenntniß die Hand nach dem ausstrecken, was ihr gebührt: sie wird herrschen und besitzen wollen, und ihr mit ihr! . . .

Nur die an Leib und Seele Gesunden, die stolzen, starken Glücklichen, die echten Aristokraten können dereinst einen höheren Typus Mensch herausbilden. Eine solche gute und gesunde Aristokratie wird mit gutem Gewissen das Opfer einer Unzahl Menschen hinnehmen, welche um ihretwillen zu unvollständigen Menschen, zu Sklaven, zu Werkzeugen herabgedrückt und vermindert werden müssen. Ihr Grundglaube muß eben sein, daß die Gesellschaft nicht um der Gesellschaft willen da sein dürfe, sondern nur als Unterbau und Gerüst, an dem sich eine ausgesuchte Art Wesen zu ihrer höheren Aufgabe und überhaupt zu einem höheren Sein emporzuheben vermag: vergleichbar jenen sonnensüchtigen Kletterpflanzen auf Java — man nennt sie Sipo Matador —, welche mit ihren Armen einen Eichbaum so lange und oft umklammern, bis sie endlich, hoch über ihm, aber auf ihn gestützt, in freiem Lichte ihre Krone entfalten und ihr Glück zur Schau tragen können. Und irgend wann, in einer stärkeren Zeit, als diese morsche, selbstzweiflerische Gegenwart ist, muß er uns doch kommen, der erlösende Mensch der großen Liebe und Verachtung, der schöpferische Geist, den seine drängende Kraft aus allem Abseits und Jenseits immer wieder wegtreibt, dessen Einsamkeit vom Volke mißverstanden wird, wie als ob sie eine Flucht vor der Wirklichkeit sei . . . Dieser Mensch der Zukunft, der uns ebenso vom bisherigen Ideal erlösen wird als von dem, was aus ihm wachsen mußte, vom großen Ekel, vom Willen zum Nichts, vom Nihilismus, dieser Glockenschlag des Mittags und der großen Entscheidung, der den Willen wieder frei macht, der der Erde ihr Ziel und dem Menschen seine Hoffnung zurückgibt, dieser Antichrist und Antinihilist, dieser Besieger Gottes und des Nichts — er muß einst kommen . . .

Ihr sollt Zeugen und Züchter werden und Säemänner der Zukunft, — wahrlich kein Adel, den ihr kaufen könntet, gleich den Krämern und mit Krämergolde: denn wenig Werth hat Alles, was seinen Preis hat. Nicht, woher ihr kommt, mache euch fürderhin eure Ehre, sondern wohin ihr geht! Euer Wille und euer Fuß, der über euch selber hinaus will, — das mache eure neue Ehre. Nicht zurück soll euer Adel schauen, sondern hinaus! Vertriebene sollt ihr sein aus allen Vater- und Urväterländern! Eurer Kinder Land sollt ihr lieben: diese Liebe sei euer neuer Adel! . . . An euren Kindern sollt ihr gut machen, daß ihr eurer Väter Kinder seid: alles Vergangene sollt ihr so erlösen! —" („Fröhliche Wissenschaft" S. 202 f., „Genealogie der Moral" S. 90, „Jenseits von Gut und Böse" S. 227.)

Und zum Beschluß noch folgende Kraftstelle aus „Jenseits von Gut und Böse" S. 237:

„Endlich aber entsteht einmal eine Glückslage, die ungeheure Spannung läßt nach; es gibt vielleicht keine Feinde mehr unter den Nachbarn, und die Mittel zum Leben, selbst zum Genusse des Lebens, sind überreichlich da. Mit einem Schlage reißt das Band und der Zwang der alten Zucht: sie fühlt sich nicht mehr als nothwendig, als Daseinbedingend; — wollte sie fortbestehen, so könnte sie es nur als eine Form des Luxus, als archaisirender Geschmack. Die Variation, sei es als Abartung (ins Höhere, Feinere, Seltenere), sei es als Entartung oder Monstrosität, ist plötzlich in der größten Fülle und Pracht auf dem Schauplatz, der Einzelne wagt einzeln zu sein und sich abzuheben. An diesen Wendepunkten der Geschichte zeigt sich nebeneinander und oft ineinander verwickelt und verstrickt ein herrliches, vielfaches, urwaldhaftes Heraufwachsen und Emporstrecken, eine Art tropisches Tempo im Wetteifer des Wachsthums und ein ungeheures Zugrundegehen und Sich-zu-Grunde-richten, dank den wild gegen einander gewendeten, gleichsam explodirenden Egoismen, welche „um Sonne und Licht" miteinander ringen und keine Grenze, keine Zügelung, keine Schonung mehr aus der bisherigen Moral zu entnehmen wissen. Diese Moral selbst war es, welche die Kraft ins Ungeheure aufgehäuft, die den Bogen auf so bedrohliche Weise gespannt hat: jetzt ist, jetzt wird sie „überlebt". Der gefährliche und unheimliche Punkt ist erreicht, wo das größere, vielfachere, umfänglichere Leben über die alte Moral hinweglebt; das „Individuum" steht da, genöthigt zu einer eigenen Gesetzgebung, zu eigenen Künsten und Listen der Selbsterhaltung, Selbsterhöhung, Selbsterlösung."

Ich konnte es mir nicht versagen, diese kleine Blumenlese aus den Schriften Nietzsche's zusammenzustellen, und zwar aus zwiefachem Grunde: einmal erwecken gerade diese mit der ganzen, ihm eigenen Stilkünstlerschaft aufgerollten Zukunftsbilder die richtige Vorstellung von der Größe des Schriftstellers, treffender gesagt, des Dichters Nietzsche. In seiner zukunftstrunkenen Ausmalung des dermaleinst hereinbrechenden Zeitalters des Uebermenschen entfaltet er eine so grandiose sprachliche Gestaltungskraft, daß weniger energische Denker dem von dieser Sprache ausströmenden Zauber sehr leicht erliegen. Man muß den Versucher gerade von seiner verführerischsten Seite zeigen, um ihn als Versucher entlarven zu können. Dann aber zeigt uns gerade die wörtliche Anführung seiner Ideen über den zu züchtenden aristokratischen „Europäer von Uebermorgen" am schlagendsten, daß wir es hier nicht mehr mit einem Philosophen oder Sociologen, überhaupt nicht mehr mit einem logisch denkenden Kopf, sondern nur noch mit einem in prophetischen Wallungen sich ergießenden Sectenstifter zu thun haben. Gegen das Prophetenthum ist aber die Logik niemals die zuständige Instanz gewesen. Oder sollen wir vielleicht die Durchführbarkeit der Nietzsche'schen Züchtungsmethode in ernstliche Erwägung ziehen? Wer soll und womit soll man diesen „Europäer von Uebermorgen" züchten? Wann und wo soll die Züchtung beginnen? Sind wir ihres Erfolges sicher? Wird der heutige Durchschnitts-Europäer, der nicht geborener Geistes-Aristokrat ist, aber dafür die erdrückende Zahl für sich hat, eine solche Züchtung zulassen? Wird er nicht vielmehr Jeden, der sich herausnimmt, etwa um drei geistige Kopflängen ihm überlegen zu sein und ihn diese Ueberlegenheit fühlen zu lassen, um einen einzigen Kopf kürzer machen? Gesetzt aber, der heutige Europäer, dem ja nach Nietzsche Alles zuzutrauen ist, hätte die capitale Kopflosigkeit, das Aufkommen einer neuen Aristokratie, nachdem er kaum mit der alten fertig geworden ist, zu dulden oder gar zu begünstigen: was hülfe das Alles? Nietzsche selbst erklärt ja den von den politisch-reactionären Parteien erträumten Rückschritt, diesen Krebsgang der Cultur für aussichtslos. „Es hilft nichts: man muß vorwärts, will sagen Schritt für Schritt weiter in der Décadence .... Man kann diese Entwicklung hemmen und, durch Hemmung, die Entartung selber stauen, aufsammeln, vehementer und plötzlicher machen: mehr kann man nicht" („Götzendämmerung" S. 117).

Und so hat uns denn Nietzsche dadurch, daß er sich zur evolutionistischen Weltansicht bekennt und zu den „Physiologen" zählt, selbst die Mittel in die Hand gegeben, den positiv aufbauenden Theil seiner Sociologie kritisch zu zerpflücken. Durch die eben angeführten Worte, denen man eine Reihe ähnlich klingender Aussprüche beigesellen könnte, hat Nietzsche dem positiven Theile seiner Sociologie selbst den Todtenschein ausgestellt. Müssen wir nach Nietzsche doch unaufhaltsam in unser Verderben rennen, und kann selbst der Cultus des Genies, in welchen seine Philosophie in letzter Linie ebenso ausmündet, wie die seines Meisters Schopenhauer, diesen unabänderlichen Lauf der Dinge im günstigsten Falle hemmen, aber niemals verwandeln, dann können wir uns auf sein eigenes Eingeständniß stützen, daß die von ihm im dichterischen Traum visionär geschaute Regeneration der Menschheit undurchführbar ist. Und so klingt es denn auch unsäglich traurig, wenn er uns in seinem letzten Werke (Zarathustra, vierter und letzter Theil S. 87) mit unheimlicher Resignation zuruft: „Diese Krone der Lachenden, diese Rosenkranz-Krone: ich selber setzte mir diese Krone auf, ich selber sprach heilig mein Gelächter. Keinen Anderen fand ich heute stark genug dazu." Jetzt versteht man auch sein hübsches Wort, daß ein Volk nur der Umschweif der Natur sei, um zu sechs, sieben großen Männern zu kommen. Und so stellt sich uns denn die Lehre Nietzsche's, in ihrer tiefsten Wurzel erfaßt, als eine Aristokratie des Genies dar, deren erster Fehler darin besteht, daß eine solche Species von Uebermenschen erzogen oder, wie Nietzsche im Anschluß an Darwin mit

Vorliebe sagt, „gezüchtet“ werden solle. Genies lassen sich nicht züchten!

Bedurfte demnach der historisch-kritische Theil seiner Sociologie einer ernstlichen Widerlegung, so sind wir im positiv-aufbauenden dieser Aufgabe überhoben. Dort mußte die Unhaltbarkeit seiner Ausführungen erst erwiesen werden, hier hat er die Undurchführbarkeit seiner Visionen, in Momenten wissenschaftlicher Ernüchterung, selbst angedeutet. Damit aber ist das ganze „System“ Nietzsche's wissenschaftlich gerichtet. Wenn Ausgangspunkt und Endziel gleich falsch sind, so ist das in der Mitte Schwebende es nicht minder. Gegen die letzten Ziele seiner Lehre aber hat sich uns ein solcher Berg von Fragen aufgethürmt, auf welche der Denker aus wohlweislichen Gründen die Antwort schuldig bleiben muß, daß man uns kaum kritischer Härte zeihen darf, wenn wir in den positiven Vorschlägen dieses Neo-Cynismus nichts Anderes zu sehen vermögen, denn mystische Offenbarungen einer überüppig wuchernden Einbildungskraft, versöhnende, in rauschenden Accorden ausklingende Schluß-Capitel seines sociologischen Romans.

Und doch wird, trotz der philosophischen Geringhaltigkeit dieser Lehre, fürderhin kein gewissenhafter Sociologe achtlos an ihr vorbeigehen dürfen. Handelt es sich hier auch im Wesentlichen nur um eine galvanisirende Auffrischung älterer, vornehmlich cynischer Lehren, so ist doch dieser Neo-Cynismus mit so viel bestechendem geistigen Flitter herausgeputzt und vor allen Dingen mit einer so unerbittlichen, schonungslosen, alle, auch die elementarsten Schicklichkeitsgrenzen rücksichtslos über den Haufen rennenden, radicalen Folgerichtigkeit durchgeführt, daß er für unsere geistig ohnehin über die Maßen revolutionirte, überreizte Zeit nicht zu unterschätzende Gefahren in sich birgt.

Hier komme ich auf den Punkt, der den Anlaß und Zweck dieses Essays bildet. Gewiß mochte manchem Leser die Frage auf den Lippen geschwebt haben: zu welchem Ende die vielen harten Worte gegen einen Mann schleudern, den das Schicksal in so grausamer Weise zur Wehrlosigkeit verurtheilt hat? Einzelne Fachgenossen, die der Nietzsche'schen Lehre noch nicht nähergetreten sind, mögen wieder meinen, dieselbe berge so greifbare logische Unmöglichkeiten und Widersprüche in sich, daß sie in ihrer durchsichtigen philosophischen Naivität gar zu ungefährlich sei, um einen solchen Angriff zu rechtfertigen. Wieder Andere, wie H. Türck z. B., der den wenig neidenswerthen Geschmack hat, in einem weitschweifigen, von allzu großer Jugendlichkeit zeugenden Pamphlet den „klinischeu“ Beweis zu erbringen, daß in Nietzsche ein Fall von moralischem Irresein (moral insanity, folie raisonante) vorliege, mögen gar urtheilen, daß die Schriften Nietzsche's nur pathologisches Interesse für den Psychiater, aber kein wissenschaftliches für den Denker darböten.

Gegen die rührselige Sentimentalität habe ich zu bemerken, daß die Wissenschaft weichherzige Rücksichtnahme auf Personen, wo es sich um die höchsten Güter der Cultur handelt, als Impotenz, als geistiges Castratenthum verurtheilt. Zudem würde eine solche, dem „asketischen Ideal“ entsprungene Mitleids-Rücksicht Niemand gründlicher verabscheuen, als Nietzsche selbst. Endlich treffen meine Bedenken nicht den Mann, sondern nur die Lehre. Der Mensch und Schriftsteller Nietzsche besitzt meine Sympathien in einem Grade, der selbst von seinen kritiklosesten Nachbetern und Nachäffern nicht leicht überboten werden kann, so daß mich Bücher, wie das Türck's, welche die Zurechnungsfähigkeit der Geisteserzeugnisse des Denkers in Frage stellen, persönlich empflindlich verletzen, da ich in diesen Werken des begnadeten Schriftstellers die Ausstrahlungeu eines wirklichen Genius verehre, der sich nur zum großen Schaden der Menschheit philosophisch verrannt hat. Damit ist aber auch gleich den Fachmännern die Antwort ertheilt, weshalb ich mich zu dieser entschiedenen Stellungnahme gegen den Denker Nietzsche entschlossen habe: wer die Erzeugnisse der jüngstdeutschen Literatur nicht aufmerksam verfolgt, der unterschätzt leicht die Gefahren, die Nietzsche's Ideen gerade für unsere Zeit haben.

Dem wirklich denkenden winzigen Bruchtheil der Menschheit sind diese Ideen freilich schon darum völlig ungefährlich, weil es für den Denkenden gar keine gefährlichen Ideen gibt. Wer den Werth von Ideen an den Gesetzen der Logik zu messen gewohnt ist, der scheut vor keiner Consequenz zurück. Denn entweder sind diese Ideen logisch unanfechtbar deducirt: dann sind sie eben richtig, und der Denker hat sich ihnen unweigerlich zu unterwerfen; oder sie bauen sich auf Fehl- und Trugschlüssen auf: dann wird er ihre Schwächen schon durchschauen. Gefährlich können daher Ideen immer nur dem breiten Strom der Halb- bis Sechzehntelgebildeten, unter Umständen freilich auch jenen Vollgebildeten werden, denen die Technik einer specifischen philosophischen Fachbildung abgeht. Und wenn diese Ideen uns gar im lichtumflossenenen Gewande poetischer Verklärung und in der Form einer geradezu bestrickenden Rethorik erscheinen, wie dies bei Nietzsche in eminentem Grade der Fall, dann ist schon ein ziemlich hohes Ausmaß energischer

Denkarbeit und philosophie-technischer Geschmeidigkeit erforderlich, um den verführerischen Lockrufen einer durch ihre äußere Erscheinung blendenden Idee einen kräftigen Widerstand entgegensetzen zu können.

Wie wenig verbreitet indeß diese philosophische Technik gerade in der heutigen gebildeten Generation ist, die während jener aus den fünfziger Jahren unseres Jahrhunderts stammenden, urspr üglich von der exacten Forschung ausgegangenen philosophie-feindlichen Strömung auferzogen worden ist, die jetzt zum Glück unter dem Banner von Naturforschern wie Helmholtz, du Bois-Reymond, Haeckel, Huxley, Wallace u. A. zu weichen beginnt: das braucht Eingeweihten kaum gesagt zu werden. Gilt dies aber schon von den Gebildetsten, dann natürlich doppelt und dreifach von den Halbgebildeten.

Hier nun liegt die Gefahr. Die philosophische Bildung unserer Zeit ist eine zu mangelhafte, oberflächliche, von den meisten nur systemlos zusammengeraffte, als daß man gegen die verführerischen Schlagwörter der Nietzsche'schen Philosophie gefeit wäre. Man werfe doch nur einen Blick auf die Beschaffenheit der Anhängerschar des Denkers, bei welchen sein Wort am mächtigsten und nachhaltigsten gezündet hat. Obenan der Socialismus und dessen verschämter schöngeistiger Moniteur, die „Freie Bühne". Die Begeisterung für Nietzsche ist in diesen Kreisen zum förmlichen Sport geworden, trotzdem sich der Meister folgende Aussprüche gestattet: „Die Dummheit der Arbeiterfrage ... liegt darin, daß es eine Arbeiterfrage gibt: Ueber gewisse Dinge fragt man nicht — erster Imperativ des Instinctes." Nietzsche bedauert, daß sich aus dem europäischen Arbeiter nicht mehr ein „Typus Chinese" herausbilden läßt. „Was will man? Will man einen Zweck, muß man auch die Mittel wollen: Will man Sklaven, so ist man ein Narr, wenn man sie zu Herren erzieht". Also zu lesen in der „Götzendämmerung", S. 114. Noch etwas piquanter markirt er seine Stellung zu dem „unverhüllten Zähnefletschen der Anarchistenhunde" und zu „den tölpelhaften Philosophastern und Bruderschafts-Schwärmern", welche sich Socialisten nennen und die „freie Gesellschaft" wollen" („Jenseits von Gut und Böse" S. 125).

Dieselben Bruderschafts-Schwärmer, die ihre ganze Kraft nicht bloß an den Sklavenaufstand in der Moral, sondern an den Sklavenaufstand schlechthin setzen, mithin den polaren Gegensatz dessen anstreben, was Nietzsche als Ideal vorschwebt, treiben das Begriffs-Tohuwabohu so weit, im Rausch der Phrase ihren radicalsten Gegenfüßler jubelnd als Bannerträger an ihre Spitze zu stellen. In Wirklichkeit gibt es keine schneidenderen Gegensätze in der Sociologie als den Socialismus, der ja auch in seiner gemildertsten Form einen Stich ins Communistische hat, jedenfalls demokratisch ist, und dem aristokratisch-anarchischen Individualismus Nietzsche's.

Ein zweites Beispiel. Die jungdeutsche naturalistische Schule in der schöngeistigen Literatur, die possirlicher Weise auf Zola in einem Augenblick zu schwören begann, als dieser zu Gunsten seiner „Unsterblichkeits-Candidatur" den Naturalisten Zola abzuschwören sich anschickte, bildet den eigentlichen Heerbann des Nietzschethums. In ihrem Organ „Die Gesellschaft" gebärden sie sich als „freie, sehr freie Geister" und verrathen dabei keine erhebliche Abneigung, sich selbst als Erben des Meisters, als „Uebermenschen", als „Europäer von Uebermorgen" aufzuspielen. Und doch hat der Meister folgendes Stammbuch-Verschen für diese Art von freien, sehr freien Geistern hinterlassen: „Alle diese blassen Atheisten, Antichristen, Immoralisten, Nihtlisten, diese Skeptiker, Ephektiker, Hektiker des Geistes (letzteres sind sie sammt und sonders in irgend einem Sinne) . . . . das sind noch lange keine freie Geister" („Gen. d. Moral" S. 167).

Aber ungeachtet dieses derben Fußtrittes wird Nietzsche von diesen „Hektikern des Geistes" in hysterischen Ausbrüchen angehimmelt, als Prophet eines mit Hülfe der naturalistischen Belletristik hereinbrechenden Zeitalters von „freien, sehr freien Geistern" vergöttert. Diese „blassen Atheisten" suchen eben das Gleiche wie der naivste Kirchengläubige: einen Gott. Da sie aber den herkömmlichen Gott als sehr freie Geister ablehnen zu müssen glauben, schnitzen sie sich einen neuen Götzen zurecht — Nietzsche. So entblödet sich einer seiner Jünger nicht, die bereits citirten Worte niederzuschreiben: „Es kam eine große Sehnsucht über mich nach einem neuen Gott . . . . ich fand ihn in Friedrich Nietzsche." Aber auch ein in etwas gedämpfterem Tone gehaltener Panegyricus, den Ola Hansson, einer der begabtesten unter den halbreifen Naturalisten, in der Zeitschrift „Unsere Zeit" veröffentlicht hat, findet (S.-A. S. 30): „Nietzsche's Streben bezeichnet die größte Revolution, die die Geschichte der Moral seit dem Kampf des Christenthums gegen die Antike aufzuweisen hat."

Das sind denn doch beunruhigende Anzeichen einer in erschreckendem Maße um sich greifenden Begriffsverwirrung, der bei Zeiten nach Kräften zu steuern Pflicht aller Berufenen ist. Tritt nun noch hinzu, daß auch von Seiten Tolstoi's unsere Culturideale zwar mit anders gearteten, logisch ebenso wurmstichigen Motivirungen, aber mit der gleichen gehässigen Bitterkeit angegriffen und unterwühlt werden, wie von Seiten des Anticultur-Apostels Nietzsche, so erwächst dem Culturfreund die unabweisliche Aufgabe, sich mit diesen Aposteln des Culturüberdrusses über die obschwebenden Grundfragen ernstlich auseinanderzusetzen, bevor jenes tagscheue scribelnde Gelichter, das für die „Ideen" dieser Apostel mit überlauten Tamtamschlägen werbend die Trommel rührt, die Volksseele vergiftet hat.

Wer sich nur in ein einziges Problem der Culturgeschichte tiefer versenkt und dabei ermittelt hat, wie unendlich langsam und mühselig auch nur der winzigste Fortschritt errungen, nein erzwungen werden mußte, wie Jahrhunderte daran arbeiten mußten, nur einem einzigen schönen Culturgedanken, wenn auch nicht zum vollendeten praktischen Siege, so doch zur allgemeinen theoretischen Anerkennung zu verhelfen, der kann es nicht ohne den Schauder der Entrüstung mit ansehen, wie man inmitten eben dieser sauer genug erworbenen Cultur die Rinaldo Rinaldini-Devise „Nichts ist wahr, Alles ist erlaubt" nicht bloß zu erneuern, sondern ihr gar noch den Parademantel tiefster philosophischer Weisheit umzuhängen sucht. Und was das Bedenklichste daran ist: dieser Losungsruf des Nietzsche'schen Uebermenschen wird nicht etwa im Hohngelächter aller Gebildeten erstickt, vielmehr im Gegentheil von einem gewissen, bis zum Wahnwitz blasirten Theil derselben, die den Glauben an Gott, Moral, Cultur und — was das Schlimmste ist — an sich selbst im sinnlosen Taumel großstädtischen Lasterraffinements eingebüßt hat, mit frenetischen Zurufen bejubelt!

Diese, die grausame Wirklichkeit nur streifenden Andeutungen, die ins gröbere, aber viel überzeugendere Detail zu übertragen mir mein Geschmack verbietet, werden hoffentlich ausreichen, den Einsichtigen die Größe der Gefahr nahe zu legen, die uns von diesen Aposteln des Culturüberdrusses droht. Unsere Zeit ist ohnehin schon über Gebür nervös gereizt.' Durch die kirchlich-dogmatischen Streitigkeiten, die sich bis in die Zeitungsspalten hinein verirren, wird an den Grundvoraussetzungen aller bestehenden Confessionen gerüttelt. Durch die socialistische Agitation wird heute auf dem ganzen Erdenrund an unseren Grundbegriffen von Eigenthum, Gesellschaft und Staat kritisch herumgezerrt. Nun soll, um das Maß voll zu machen, gar noch unsere gesammte Moral, ja die Cultur überhaupt in Frage gestellt werden —, das heißt dem armen Kopf des Durchschnittsgebildeten denn doch zu viel zugemuthet!

Könnte man alle diese Probleme, die in stürmender, sich überstürzender Hast den heutigen Culturmenschen umdrängen, sämmtlich in aller Besonnenheit auf ihren logischen Gehalt prüfen und sie gründlich verdauen, so wäre die Gefahr eine geringere. Allein dazu hat der heutige Europäer keine Zeit. Man denkt heute nur noch mit elektrischer Geschwindigkeit, gleichsam in Gedanken-Stenogrammen, demgemäß müssen sich die Probleme, sollen sie überhaupt zur Debatte gelangen, concentriren, mit einem Wort zum Schlagwort verdichten. Man kämpft heute nicht mehr wie ehedem mit duchdachten Theorien, sondern nur noch mit dem abkürzenden Verfahren des Schlagworts. Conservatismus, Liberalismus, Antisemitismus, Socialismus, Darwinismus, Individualismus, Anarchismus u. s. w. heißen die Schlagwörter des zur Neige gehenden Jahrhunderts, welche die Meisten im Munde führen, ohne sich über Sinn,

Bedeutung und Tragweite derselben Rechenschaft geben zu können oder auch nur zu wollen. Jetzt werfe man noch unserer unter dem Zeichen des Schlagworts stehenden Zeit die Nietzsche'sche Losung „Nichts ist wahr, Alles ist erlaubt" hin, so wird dieses neocynische Schlagwort, dieser „aristokratisch-anarchistische Individualismus" in den Köpfen der breiten, nach neuen Schlagwörtern lüstern haschenden Mittelmäßigkeit mehr Unheil anrichten, als die bildungssatte Selbstzufriedenheit und die vom rauschenden Gewühl des öffentlichen Lebens sich scheu zurückziehende und verkriechende Stubenweisheit sich träumen lassen.

Und so sollen diese Ausführungen nur ein „caveat" sein, das ich jedem besonnenen Culturfreund zurufen möchte. Es ist Gefahr im Verzug, darum auf die Schanzen! Der Neo-Cynismus Nietzsche's wird, wie man aus allen Anzeichen schließen muß, ungeachtet seiner philosophischen Unzulänglichkeit und sociologischen Naivität, die Modephilosophie der nächsten Zukunft werden. Ja, ich muß leider an einen zeitweiligen populären Triumph dieser, gewissen rückläufigen Instincten bei oberflächlicher Betrachtung schmeichelnden, Nietzsche'schen Lehren glauben, eben weil diese Lehren, in ihrer letzten Wurzel erfaßt, absurd sind — credo quia absurdum.

FSC
www.fsc.org
MIX
Papier | Fördert
gute Waldnutzung
FSC® C083411

Kolibri 360 GmbH
Ferdinand-Jühlke-Straße 7
99095 Erfurt, Deutschland
produktsicherheit@kolibri360.de